智能电网大数据

王继业　主编

中国电力出版社
CHINA ELECTRIC POWER PRESS

内容提要

智能电网大数据是大数据在电力系统内的应用实践，是大数据的理论、技术和方法与传统电力行业的融合，中国电力科学研究院在该领域开展了相关研究和应用工作，并取得了一定的成果。本书是中国电力科学研究院大数据研究团队的研究成果之一，介绍了大数据的基本概念、理论基础和研究方法，阐述了智能电网大数据的内涵、重点应用领域、技术体系及研究方法和应用实践，并通过七个不同领域的应用案例分享研究过程中的经验与收获，最后提出了智能电网大数据的实现路径与推进建议。

本书可供电力行业从事数据管理、分析和应用的相关工作人员、研究人员学习借鉴，也可为其他行业或高校大数据研究相关领域的读者提供指导和帮助。

图书在版编目（CIP）数据

智能电网大数据 / 王继业主编 . —北京：中国电力出版社，2017.2（2021.2重印）

ISBN 978-7-5198-0143-4

Ⅰ . ①智… Ⅱ . ①王… Ⅲ . ①智能控制－电网－数据处理－研究 Ⅳ.①TM76

中国版本图书馆CIP数据核字（2016）第308064号

中国电力出版社出版、发行

（北京市东城区北京站西街19号 100005 http://www.cepp.sgcc.com.cn）

三河市万龙印装有限公司印刷

各地新华书店经售

*

2017年2月第一版 2021年2月北京第四次印刷

710毫米×1000毫米 16开本 9.125印张 118千字

定价：65.00元

编写组

主　　编：王继业

副主编：张东霞　朱朝阳　杨　锐

编　　委：邓春宇　王晓蓉　韩　笑

　　　　　　王新迎　张国宾　季知祥

　　　　　　刘　鹏　郑亚芹　史梦洁

　　　　　　杨国生　黄彦浩　陈振宇

　　　　　　狄方春　高云峰　胡航海

　　　　　　杨　硕　张玉天　肖　凯

　　　　　　刘凤魁　丁玉成　吴　茜

　　　　　　刘　威　刘沅昆　李　灿

序

　　面对化石能源日渐枯竭和全球气候、环境变化的现实压力，一场新能源革命在全球范围内正悄然兴起。随着风能、光能等可再生能源的发展及新能源汽车技术、能效技术等低碳技术的广泛应用，传统的电力系统正在向智能电网演变。与传统电力系统这一封闭的物理系统相比，智能电网更开放、更复杂，是具有可再生能源和分布式能源高渗透、用户广泛参与、高度智能化等特征的信息物理系统。一方面，智能电网每时每刻都在产生着体量大、结构复杂、彼此间存在着复杂关联性的数据，如何储存、利用这些数据，挖掘其价值，是电力界目前及未来所面临的重大挑战；另一方面，面对这一开放、复杂的信息物理系统，传统的"以物理原理为依据—建立数学模型—选定参数—计算—分析因果"的"物理模型驱动"方法，已难以完全满足要求，数据驱动的大数据方法作为一种辅助性手段，将在智能电网的发展中发挥越来越重要的支撑作用。

　　智能电网大数据是电力系统及相关领域多数据源、多领域、跨时空数据的有机融合。智能电网大数据将突破传统信息技术针对特定应用的局限性，贯通智能电网各环节间的数据，推进多业务间的高效协同；打通电力系统与一次能源、用电用户、自然环境、经济社会、管理政策之间的信息壁垒，构建起开放、融合、可扩展的分布式一体化数据服务体系，实现紊乱的数据资源向有效的数据资产的转化。借助大数据理论和技术，基于智能电网大数据，可快速提炼出深层知识，挖掘出传统物理建模方法无法应对的诸多时空关联关系，支持用户参与，建立更加完善的电网监测、预测、风险管控系统，可支持更全面的分析、更准确的预测及更具价值的辅助决策。

智能电网大数据的研究和应用尚处于初级阶段，业界对智能电网大数据概念的认识还未形成共识，尚未形成一批具有说服力的研究成果来充分显现智能电网大数据的研究和应用价值。未来的路还很长，需要研究者完成从传统思维向大数据思维的转变，在深入开展理论研究的同时，从数据融合和应用入手，形成切实有效的技术解决方案，将智能电网大数据应用推向深入。

由中国电力科学研究院副院长王继业主编的这本《智能电网大数据》，就大数据的基本概念、理论基础和研究方法，智能电网大数据的内涵、重点应用领域、技术体系和研究方法与应用实践进行了分析和总结，分享了不同领域的应用案例，并提出了智能电网大数据的工作展望。这本书对于电力界同行及对大数据感兴趣的读者，均具有重要价值。

中国科学院院士

2016年12月

编者序

　　在众多的大数据研究观点和方法中，我们选择了以应用为核心和面向价值实现的实践路径。智能电网大数据应用研究目前主要分为两个方向：一是应用数据统计和数据挖掘方法，去发现数据所表现的电力系统物理本质和运行规律。与传统的统计分析和数据挖掘不同的是，在大数据时代我们注重多源数据融合基础上的高完整性有效信息的发现，数据说话代替经验决策，为驾驭和认识智能电网提供全景式、全过程的研究视角。二是应用新兴的数据驱动方法，如机器学习、深度学习、随机矩阵等，形成更智能化的解决方案。我们发现，传统的物理建模方法在面对日益开放、不确定性加剧的复杂大电网时，因不合理的假设和不得已的过度简化造成分析结果与实际情况不相符，而数据驱动方法无须假设和简化，依据的是反映系统真实情况的数据。因此，大数据方法作为传统方法的有效补充，在智能电网领域将发挥越来越重要的作用。

　　大数据的基本机理是通过数据透视事物的本质和关系。受国家电网公司委托，在融合300多个城市的营配调数据分析中，对城市配电设备的运行效率、供电能力以及分布情况进行了呈现，我们清晰地看到了针对性的方式优化、检修安排和投资规划的决策依据。时空多维因素的关联分析是大数据的特点。2015年，我们与国网山东省电力公司合作开展了配电变压器重过载预测研究，数据涉及历史数据、网络拓扑、配电变压器改造、负荷特性、气象、节假日、用户数据等多维信息，集成了PMS、GIS、用电采集、配电自动化等多个系统，采用了3亿多条数据，分析了影响因素集合并建立重过载预测模型，经过历史数据验证，准确率达到80%，在国网山东省电力公司2016年春节保供电工作中提供了全新的业务支撑。在大数据分析中，数据融合是一个必经的环节。大数据研究过程中一个重要的贡献是智能电网的统一数据模型，没有统一的数据模型和交互机制无法进行多维数据的统一计算和分析。在此基础上，我们与国网福建省电力有限公司合作完成了D5000和OMS数据融合，在进一步完成PMS、WAMS、保护信息、气象、负荷等数据融合与分析后，将实现电网状态感知和风险预判，在基于大数据的智能搜索系统的配合下实现需求信息的全景呈现，比如当搜索"莫兰蒂"台风信息就可获得路径分析、气象、异常数据、失压数据、设备状态、日志、报表、决策提示等。这是全新的调控系统，将随着大数据应用的开发而建立。

大数据在继电保护领域中得到应用，通过对全网的继电保护设备数据统计分析给出了精准的设备分析评价与状态评价，设备的薄弱点和风险点、家族问题分布的充分呈现。这一点在电网资产大数据中有同样的研究方法。在智能电网中，电网运行、电网资产、电网用户是大数据主要应用的三大领域。用户信息有着丰富的挖掘价值，在对几个省的用电数据分析中，我们对售电量的预测、中短期负荷预测精准度均达到了90%。通过已经完成的用电数据标签化，对即将开展的用户类别、征信、行为分析做好了技术准备。

智能化建立在信息感知的响应之上，而智能电网的状态感知，须以大数据技术为支撑和基础，未来电网以数据为核心将成为必然，两年多的研究和实践表明了智能电网大数据极具应用价值和广阔的发展前景。

大数据是什么？ 从其哲学基础上讲，大数据是一种新的认识论。数据是事物内部机理特性或关联特性的一种外在表现，当数据超出表现理论的临界值时，就可依据数据认识事物。大数据适合认识统计规律和混沌规律，依据足够的样本到全量数据，适合于挖掘关联关系。从数学的角度看，从数据预处理需要的运筹学到数据分析使用的统计学，以及深度分析挖掘或机器学习的算法和模型中使用的计算数学和微分方程理论等，数学知识和思想贯穿于大数据的整个过程。IT领域有观点认为大量的数据集合就是大数据，还有观点认为是处理大量数据的一系列技术统称。而我们除了这两方面，还注重数据广泛关联后隐藏因果关系的发现和探索，这种数据处理的思想，收集和整合相关联的数据，试图发现常识以外的逻辑关系。我认为，大数据是具有一定体量的数据集合，是一系列对数据处理和利用的理论、方法与技术的集合，同时也是对数据分析挖掘和价值萃取利用思想的集合。这三个方面，缺一不可。

研究中发现，人们对大数据认识上存在一些误区。误区一，技术的创新能解决业务问题。有些IT厂商以技术的角度，说服企业通过技术创新解决生产和管理中的问题，而事实是，技术的创新只能解决效率问题，对具体的业务内容无法干预。误区二，用了Hadoop就叫大数据。大数据是业务主导的多层体系架构，Hadoop仅是底层技术部分，代表处理能力，在数据利用思想方面没有质的变化。误区三，希望找到一键式数据分析工具来解决分析问题。数据分析最根本的是要解决业务问题，需要带着问题去寻找、观察、分析数据，分析工具只能起到辅助作用，对分析的贡献仅限于流程规范和效率提升，无法代替人解决分析问题。误区四，平台只针对某一项业务而搭建。研究发现，智能电网大数据全景性关联，必须打造全业务、全流程的数据集成与储备，通过数据融合技术而形成分析基础，否则将难以形成精准的结论。大数据的平台应该是一个数据利用的综合框架，包含着众多的产品和组件，可以支撑数据处理和利用各个层面的工作。组件间可以灵活地组织搭配使用，以应对纷繁复杂的业务需求，而平台需不断地迭代创新。

大数据能干什么？ 大数据的能力体现在五个阶段。第一阶段是数据的抽取与整合。将来自不同数据源和时间片段的数据进行关联和处理，放在统一的数据模型和同一个时间维度上进行分析。第二阶段是对数据基本特征的观察和提炼。以统计分析为手段，从不同视角、维度、时间颗粒度对数据进行全面观测。这一阶段能发现很多的数据规律，再加上业务解读，可形成业务分析报告，但这只是数据利用的初级阶段。第三阶段是非常规手段的深度分析。利用关联分析、分类聚类、回归预测等手段对数据的潜在因果关系、群体特征、趋势走向进行深度挖掘，找寻统计分析无法发觉的业务规律。在这一阶段大数据的处理计算能力得以充分展现，是解决具体业务问题必要的数据探索。第四阶段是为解决业务问题进行业务建模。由业务模型转化为数据模型，最终转变为数学模型。这一过程从多重的业务场景中提炼出核心问题和规律，将其转变为业务数据的处理流程，最终落到了一个个可用于计算的数据模型算法上。第五阶段是模型的固化实现。将分析的思路和方法与业务系统对接，伴随有直观的可视化展现，至此完成了一个大数据的完整应用。期间伴随业务人员、计算机技术人员、数据分析师、决策者等不同角色的参与和互动。而能否将分析流程进行程序固化并与业务环境融合，决定了一次数据分析的生命周期和最终成果的大小。因此，大数据能干什么不仅取决于从事大数据分析的技术人员，更重要的是想让大数据干什么，需要业务需求策划与大数据能力的融合。

大数据应该怎么干？这是本书编写之初进行调研时目标读者提出最多的问题。开展大数据工作需要具备四个方面的基础条件：一是软硬件基础，即视业务需求和数据体量而定的服务器和数据处理软件；二是技术基础，运用基本数据提取、处理和解读能力的关系型数据库、分析挖掘工具及数据展示工具，建立一个分析流程，开展分析基础工作；三是数学基础，对数据的基础处理包括数据质量提升的处理、数据统计方式转变、统计指标和维度设计等，对数据的分析挖掘包括数据分类、预测算法的选择与实现、深度挖掘及机器学习的算法应用；四是业务基础，当前大数据分析的两个流派分别是业务驱动和数据驱动，最终还是要汇集到解决业务问题的角度，对业务的理解越深，对业务数据掌握越熟，就越具备成功开展大数据研究的基础。

智能电网大数据将向什么方向发展？随着物联感知、云计算、大数据、深度学习等创新技术的发展，未来智能电网的主要特征是信息物理融合，而人工智能在智能电网中将得到应用。智能电网大数据发展的最终目标是利用机器处理复杂的全景状态感知、预测、诊断与决策，从而支撑电网的自我调节及其与外界的互动。从架构上首先是全面的数据产生与共享机制，需要电网的IT化和泛在感知，这也是电网信息通信及其产业发展的方向，同时需要创新数据共享的管理与思维模式；其次是不断创新和面向业务发展的平台处理技术，今天的处理技术要向更大的承载与处理能力和建模智能化发展；最后是业务分析经典化和建模固化，并由深度学习来形成超预置的智能与认知。

我们正在经历着电网发展模式的变革，以特高压为主干的大电网广域互联形成电网一体化；以新能源消纳为主导的源荷储等多元素广泛接入形成电网平台化；以市场机制改革引导的电力消费与交易形成电网互动化，电网的发展模式将从以技术和安全为核心，转向以技术和安全支撑下的功能需求为核心。智能电网也将从发电、输电、变电、配电、用电、调度环节和设备的智能化走向系统的智能化。未来的电网智能化过程，就是应用先进的信息通信技术，以数据为媒介，以数字化为手段对电网进行重塑的过程。数据是电网创新变革中的重要驱动力。

希望本书对电力行业从事数据管理、分析和应用的相关工作人员、研究人员和广大读者在大数据理解认识和分析工作等方面有所借鉴和助益。在编写中得到周孝信院士和郭剑波院士的指导和帮助，同时也得到了来自系统内外、高校和企业多位专家的支持与关注，在此表示由衷的感谢！

2016年12月于中国电力科学研究院

目　录

智能电网大数据
BIG DATA

认识大数据

大数据是当今最热门的话题之一，智慧城市、智慧交通、智慧医疗、智慧能源等与"智慧"相关的领域都离不开它的技术支撑。总统大选、奥运会、世界杯、春节等很多重大事件、重要活动、重大节日前后都有大数据的分析和预测，大数据与云计算、物联网技术的深度结合已极大地改变了人们的生产生活方式。大数据的基本概念、理论基础和研究方法成为人们认识和应用大数据需要了解和思考的首要问题。

1.1 大数据的基本概念

自2012年以来，大数据在世界范围内掀起持续的热潮，受到广泛的关注，应用范围越来越广。大家从不同的视角去理解和看待大数据，并没有形成统一的定义。总体来看，大数据的定义可分为三个层次。狭义来讲，大数据指量大、复杂、增长迅速，无法在可容忍的时间内、用常规的方法处理的数据集合。广义来看，大数据是以这个数据集为研究对象的一项综合性技术，是传感测量技术、信息通信技术、计算机技术、数据分析技术与专业领域技术的结合。从更为广阔的视角看，大数据是一种新的方法论，它认为世界上的一切事物，包括人的心理和行为都可由数据表征或体现，透过数据可以更好地认识世界和人类自身，指导人们的生产和生活；它直接从数据出发，采用数据驱动的方式去分析和解决问题，着眼点不仅限于事物本身或有限范围，而是从更宽的视野、更广的范围、更深的层次去寻找关联和规律，认识事物、预测未来。

1.2 大数据的理论基础

1.2.1 大数据与认识论

大数据不仅是一项由多学科、多领域结合而成的综合性技术，也是一种哲学观、一种方法论，有其哲学基础。

大数据是协调人类精神和外在物质世界的媒介和手段。数据和信息是连接物质与精神的媒介。如果人类用思想序列运动指挥物质序列运动，达到预期的目的，这就说明人类正确地认识了物质序列的运动。无论事物存在着怎样复杂或隐秘的内在规律，只要这一事物存在着或发生了，它就一定会有所表现，而数据就是事物内部机理特性或关联特性的外在表现。当数据量不足时，不足以准确完整地反映该事物，因此这样的数据不能满足表现理论。当数据量的规模足够大，超过了表现理论所需的临界值时，我们就能够依据数据描述和认知该事物了。大数据概念的提出是人类认识发展过程的又一次进步，大数据使我们认识到，人类认识和实践的历史就是一部数据搜索、处理、挖掘和创新的历史。人类对世界的认识，是精神世界和物质世界两个同构系统之间的相互作用，而大数据这一新的认识论，通过物质世界的数据呈现，使物质世界和精神世界实现了统一。

大数据适合认识统计规律和混沌规律。世界上万事万物的运行总是遵循着一定的规律，即自然规律。人类认识的目的就在于认识世界万物的规律性。规律性可以分为三种：第一种是恒常规律，如欧姆定律，当阻抗一定时，电压和电流呈线性关系，表述其规律的数学模型基于物理特性，而线性关系只需要两个参数便可确定，无须更多数据；第二种是统计规律，需要足够的随机样本数据；第三种是混沌规律，需要更多的数据甚至全量数据。统计规律和混沌规律往往难以找到精确的因果关系，更适合利用大数据进行研究并从中挖掘关联关系。

1.2.2　大数据与数学

数学知识和思想的运用贯穿于大数据的整个过程。最为人们熟悉的就是数据分析阶段初期大量使用的统计学知识，使复杂的数据集产生很多有意义的统计性结果。但大数据不仅于此，数据清洗阶段运用大量函数逼近论及概率论等思想来补全缺失数据；数据分析阶段后期使用的种种机器学习算法，其核心思想多为计算数学和微分方程理论；而可视化展示阶段则使用了影射几何学等知识。

数学为大数据模型的建立提供思想框架。来自多个复杂系统的数据在达到一定体量程度后，会蕴含多种关联特征，而提取和挖掘这些关联所带来的高价值信息，就需要运用降维思想。无论是模式识别或聚类，还是主成分分析或小波分解，都是基于降维后提取某种特征，分析挖掘事物规律或属性，发现高价值信息的思想。这种思想被定义为压缩感知，是调和分析学科中的重要组成。

数学为大数据的数据处理提供理论工具。例如可基于插值法与逼近论将15分钟一次的智能电能表离散数据绘制成连续的用电曲线；进一步分析多用户用电特征，需要解决随机图的动力系统问题，这属于动力系统与随机过程的交叉领域；进一步匹配用户用电信息和供电台区的关联关系，需要引入关系矩阵等离散数学理论。

数学是一门古老的学科，伴随着人类文明的发展已在各分支积累了丰富而深入的成果。而大数据这门新兴科学发展迅速，目前还未形成系统的数学理论体系。可以预见，随着大数据与人工智能研究的进一步深入，必将在数学领域中形成一个新的学科方向。

1.3　大数据研究方法

大数据研究方法的核心是数据驱动方法，其与传统的基于机理的研究方法在研究方法和流程上都有所不同，如图1-1所示。

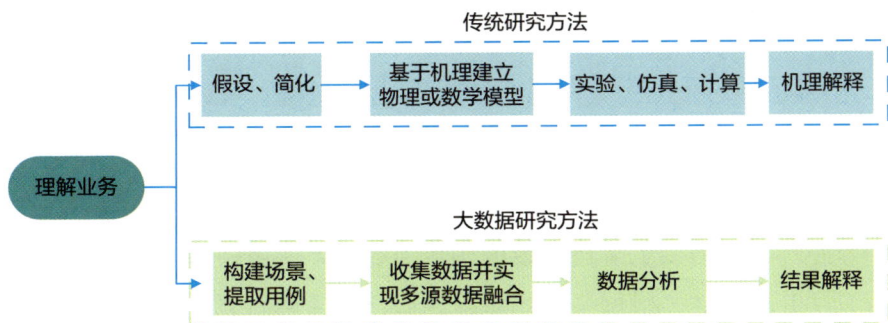

图1-1 大数据研究方法与传统研究方法的对比

1．传统研究方法

传统研究方法是基于机理的研究方法，分四个步骤。

（1）假设、简化。根据大量的先验知识，对研究对象的物理本质获得尽可能深入的了解，在此基础上建立物理试验模型或数学模型，通常需要做出诸多假设，并进行适当的简化。例如，在大电网的安全稳定分析中，通常将220kV电压等级以下的配电网均简化为负荷模型来进行仿真模拟，并在全网采用统一的负荷模型。

（2）基于机理建立物理或数学模型。在建立物理模型时，往往需要做出一定的等值和缩微处理；在建立数学模型时，有时还需进行线性化、离散化等处理；在参数选择时，由于缺少详细数据，需要采用一些典型参数以便参与后续计算。

（3）实验、仿真、计算。电力系统相关的研究包括高压设备实验、电力系统安全稳定仿真、短路电流计算等，数模混合试验在研究直流控制策略等方面也发挥了重要作用。

（4）机理解释。针对实验研究、仿真和计算结果，需要做出机理性解释，有时为了支持机理解释的正确性，需要对仿真计算结果再次进行可重现科学实验。

2．大数据研究方法

大数据研究方法，是以多源数据融合为基础，采取数据驱动的研究方法，同样包含四个步骤。

（1）构建场景、提取用例。数据驱动方法通常将研究对象看作一个黑匣子，只需要了解输入数据和输出数据，便可通过一定的数据分析方法开展研究。依据一定的先验知识，对需要研究的对象或问题进行分析，建立应用场景，分解成用例，明确所需数据。

（2）收集数据并实现多源数据融合。大数据分析方法强调数据的整体性。大数据是由大量的个体数据组成的一个整体，其中的各个数据不是孤立存在，而是有机地结合在一起。如果把整体的数据割裂开来，将会极大削弱大数据的实际应用价值，而将零散的数据加以整理、形成一个整体，通常会释放出巨大的价值。数据融合是大数据研究过程的难点。

（3）数据分析。基于融合后的数据进行数据分析，需针对应用场景和用例，选择合适的分析方法。数据分析是大数据研究过程的关键环节。

（4）结果解释。研究结果反映研究对象的内在规律性、相关因素的相互关联性或发展趋势，应对研究结果给予解释，需要时进行灵敏性分析。

3．两种方法对比

传统研究方法物理概念清晰，已形成了系统方法论，在科学技术发展中发挥了重要的作用，但对于一个复杂的系统，存在着一定的局限性：一是在建立复杂系统的模型时，需要做出一些理想假设和简化，在某些情况下存在着较大的误差甚至错误；二是对于难以基于机理建模的系统，不具有适用性；三是分析较片面、局部，难以反映宏观的时空关联特性。

大数据方法不依赖机理，可将历史和现在的数据综合进行分析，可得到多维度宏观的时空关联特性。大数据方法目前还不成熟，尚未形成系统性方法论，需经过长期的发展完善才能发挥应有的作用。

大数据方法与传统研究方法不对立、不冲突，大数据方法进一步促进了科学研究体系的建设，并推动了科学研究方法的发展。

智能电网大数据

BIG DATA

2

智能电网大数据

智能电网的最终目标是建设成为覆盖电力系统整个生产过程，包括发电、输电、变电、配电、用电及调度等多个环节的全景实时系统。而支撑智能电网安全、自愈、绿色、坚强及可靠运行的基础是电网全景实时数据的采集、存储和传输，以及对累计的巨量异构数据的快速分析与决策。随着智能电网的发展，电网正在产生着前所未有的巨量数据，如何发挥这些数据的作用困扰着电网企业，大数据概念的提出恰逢其时。此后，智能电网和大数据相伴相生，甚至有专家认为智能电网本身就是大数据在电力系统应用的产物。

2.1 智能电网发展趋势

智能电网是由传统电网蜕变而来，其发展趋势可归结为两个方面：

电力基础设施与信息通信系统的融合日益加深。智能电网的"智能化"表现为高度的"可观测"和"可控制"，观测和控制的基础在于获得反映系统运行状态的信息和数据，并对信息和数据进行快速处理、分析、预测和判断。在智能化的发展过程中，发电、输电、变电、配电、用电和调度管理六大环节安装和部署了众多的数据采集与信息管理系统。智能电表、同步测量装置等系统每时每刻都在产生着海量数据。随着智能电网的发展，更多的系统将投入运行，采集和监控的范围不断扩大，指标将不断增加，颗粒度也越来越细，产生的数据数量将会以指数量级爆炸式增长。

智能电网与外界的交互日趋加强。智能电网的发展，伴随着新能源的大规模接入、需求响应的实施、电动汽车和储能技术的广泛应用。用户用电行为、天气和气候、电力市场机制和各种激励政策等都对电网的特性产生不容忽视的影响。智能电网正在由一个基本封闭的物理系统演变成电力系统与用户、市场、交通系统、经济社会交互、耦合的开放性系统，这一复杂系统不仅表现出物理特性，也表现出统计特性和混沌特性。基于机理的建模和分析方法难以满足这一复杂系统的要求，以数据驱动为核心的大数据方法恰能补位，其重要性正在被越来越多的人认知和认可。

2.2 智能电网大数据定义及其应用前景

2.2.1 智能电网大数据定义

智能电网数据采集与管理系统如图2-1所示。智能电网运行过程中每时每刻都在产生着大量的数据，这些数据主要来自部署的各种监

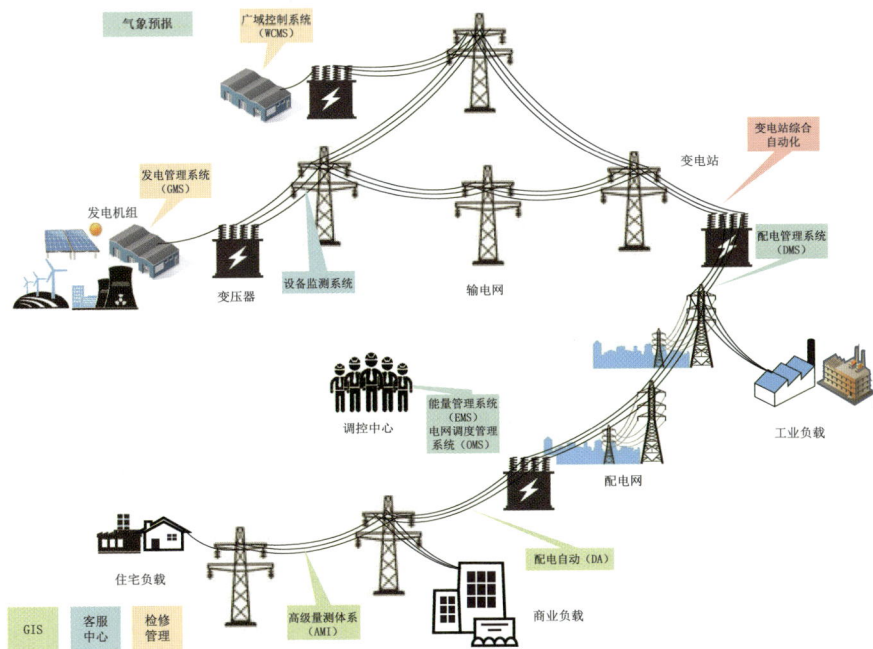

图2-1 智能电网数据采集与管理系统

测、计量和控制系统。由于智能电网的开放性，天气、气候、用户、交通、环境、社会经济、政策法规等方面的外部数据也与智能电网的发展和运行密切关联，有着重要的应用价值。除此之外，为支撑智能电网规划、运行、建设，电力公司及其科研机构积累了大量的仿真计算、试验、实验和监测数据，对智能电网规划和运行中的决策也能提供重要的依据。这些数据共同构成的数据集，具有数量大、复杂多样、分散放置等特点，具有大数据的基本特征。狭义上，将这一数据集称为智能电网大数据；广义上，谈及智能电网大数据，也指与智能电网大数据相关的理论、技术和方法。

2.2.2 智能电网大数据的应用前景

智能电网的发展目标是：以充分满足用户对电力的需求和优化资源配置，确保电力供应的安全性、可靠性和经济性，满足环保约束、保证电能质量、适应电力市场化发展为目的，实现对用户可靠、经济、清洁、互动的电力供应和增值服务。智能电网大数据对上述目标的实现可起到全面的支撑作用（见图2-2），也因此必然具有非常广阔的应用前景。本节将从提高电网接纳新能源的能力、提高电网安全稳定性和供电可靠性、提高电网运行经济性和提高智能电网对用户和社会的服务水平四个方面，展望智能电网大数据的应用前景。

1．提高电网接纳新能源的能力

风、光等新能源具有间歇性和波动性等特点，给电网规划和运行带来了新的挑战。借助大数据技术，分析天气、温度、风速、光照等气象因素与新能源出力的关联关系，可提高新能源发电的预测精度；对用户用电数据和社会经济数据进行多尺度分析和关联分析，可实现负荷的精细化预测，对需求响应资源、储能系统等灵活源进行评估和

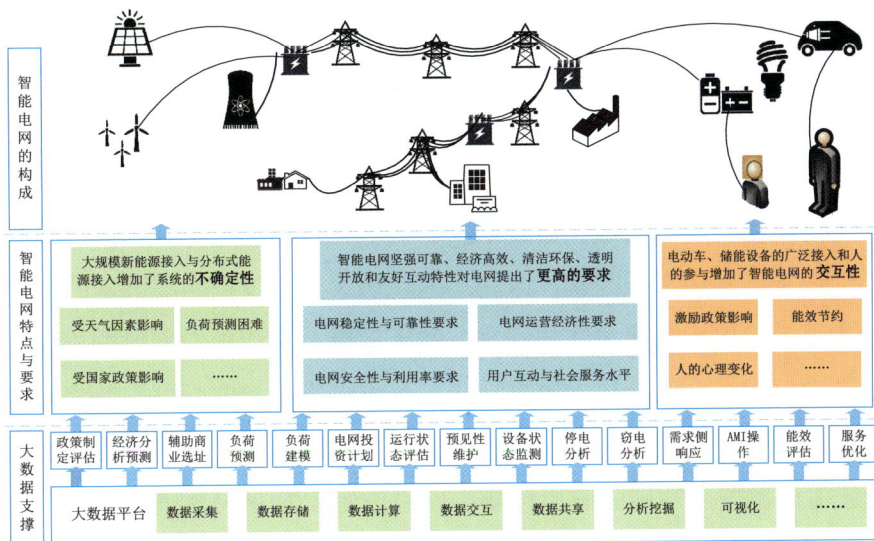

图2-2 大数据支撑智能电网

状态预测，为电网规划和运行决策提供依据。

2．提高电网安全稳定性和供电可靠性

为电网规划提供决策支持。科学合理地规划电网是电网安全可靠的保障。负荷预测是电网规划的重要依据。对用电采集系统大数据以及社会经济数据进行分析，可更准确地掌握用电负荷分布和变化规律，提高中长期负荷预测准确度。电网中存在的设备过载情况及安全稳定薄弱环节，需要通过电网扩展规划消除。基于电网运行监测数据，识别系统的薄弱环节，及时发现电网中存在的设备过载隐患及系统安全稳定风险，可为电网规划提供决策支持。

为安全稳定提供辅助分析。基于广域量测系统（Wide Area Measurement System，WAMS）的大电网安全稳定分析预警和控制系统是保证大电网安全的有效措施。国内外电力系统现已部署了大量的同步相量测量单位（Phasor Measurement Unit，PMU），建立了

WAMS系统。将WAMS数据和调度运行数据相结合，采用数据驱动的大数据分析方法，不需物理建模，即可快速判断系统稳定性，定位风险所在，为保证大电网安全稳定提供强有力的辅助分析手段。

为提高配电网可靠性提供依据。影响配电网可靠性的因素很多，如电网结构、设备质量、负载水平、自动化水平和运行管理水平等，如何识别出关键影响因素，以较小的代价最大限度提高配电网的可靠性水平，是电力公司关注的问题。基于运行、监测和检测数据，并与外部数据相结合，利用大数据技术，可识别影响配电网可靠性水平的关键因素，为系统改造、升级进而提高配电网可靠性提供依据。

为设备安全性威胁做出预测。保障设备安全是避免事故发生、提高电网安全稳定性和可靠性的基础。天气变化、季节轮替、节假日造成的人口流动和生活方式的改变，都会造成负荷的变化，进而引起潮流的改变，同时也会带来设备负载率的改变，威胁到设备的安全性或降低设备利用率。基于天气、环境数据和电力设备实时监测数据，利用大数据技术，可分析预测负荷变化规律，为设备的安全性威胁做出预测。

3．提高电网运行经济性

基于历史运行数据，参考天气、环境等外部数据，大数据可对系统设备的运行效率进行多维度精细化分析，探寻提高系统运行效率的措施，提高运行经济性。

合理的设备检修是提高设备利用率的措施之一。通过大数据可对运行工况、气象条件、消缺和检修操作等因素对设备状态的影响，以及设备运行的风险水平进行分析，实现检修策略的优化，指导状态检修的深入开展。

大数据还可在优化电网无功和电压控制、降低电网损耗、防止窃电现象的发生等方面发挥重要作用，提高电网运营经济性。

4．提高智能电网对用户和社会的服务水平

需求响应的实施，既有利于电网安全稳定，促进新能源的发展，又可使用户获利。需求响应不仅需要适当的技术支撑，更需要合理的机制给用户以激励。基于用户用电数据和其他外部数据，可对用户用电类型、分布特点、用户参与需求响应的能力和愿望进行分析，为制定需求响应机制提供参考。对用户用电数据和用户本身的经济社会数据进行分析，可为节能服务、事故后停电恢复等其他类型的用户服务提供支撑，提高用户满意度。对用户用电数据与国民经济政策数据进行关联分析，还可向政府提供经济发展形势预测、政策评估等服务，扩宽电网企业的业务范围。

智能电网大数据的具体应用场景众多，相关的重点应用领域参见第三章。

2.3 智能电网大数据研究和应用现状

近年来，在各国政府开放数据并在国家层面提出大数据倡议的良好环境下，各国对智能电网大数据也开展了广泛研究并逐渐进入应用阶段。智能电网大数据研发工作的引领者除电力公司、传统国家级研究机构以外，大量的创新科技公司也表现突出，此外一些互联网公司、IT巨头、电力设备制造商与服务公司也积极参与。国内外的应用热点大多在营销、配电和调度控制领域，这不仅是因为高级量测体系（Advanced Metering Infrastructure，AMI）、配电管理系统（Distribution Management System，DMS）、能量管理系统（Energy Management System，EMS）等系统的信息化程度高、数据质量相对好的先天优势，也是因为大数据在这些领域的应用可以释放出最大的价值潜力。

在对国内外现状进行充分调研基础上，本节对智能电网大数据的政策支持、技术储备和业务领域三个方面进行分析与对比。

2.3.1 政策支持

在推进智能电网大数据研究的过程中，政府开放公共数据，提出大数据研究倡议，提供有利环境是必不可少的。

公共数据开放方面，发达国家早在20世纪90年代就启动探索工作，并且在不断完善公共服务平台的过程中，设立了数据开放标准来保证数据质量。例如美国政府自1997年开始尝试建立联邦政府开放数据网站，并于2009年推出了相对完善的公共服务平台；英国政府在2011年建立了有"英国数据银行"之称的数据英国网站（http://data.gov.uk），并针对开放数据设立了六项标准，承诺除了国家隐私相关数据保密外，全面开放了公共信息数据。我国数据开放工作起步较晚，上海、北京及一些经济较发达的沿江、沿海地区的政府于2011~2015年间开展了数据开放的可行性研究，但目前来看这些数据集可读比例高低不一，缺少必要的开放授权。我国亟需建立健全相关法律法规，落实数据安全与隐私保护技术，制定开放全环节的标准与规范，同时也需要进一步推进政府数据的开放。对此，国务院在《促进大数据发展行动纲要》中明确指出，2018年底前建成国家政府数据统一开放平台，2020年底前逐步实现民生保障服务相关领域的政府数据集向社会开放。

倡议政策方面，近三年来各国纷纷将大数据研究上升到国家战略高度。2014年5月，美国发布《大数据：把握机遇，守护价值》白皮书，对美国大数据应用与管理的现状、政策框架和改进建议进行集中阐述。2013年6月，日本正式公布新IT战略"创建最尖端IT国家宣言"，全面阐述2013~2020年期间以发展开放公共数据和大数据为核心的日本新IT国家战略。2014年，英国政府投入7300万英镑进行大数据技术的开发，包括在55个政府数据分析项目中展开大数据技术的应用。2016年5月，美国发布《美国联邦大数据研究与开发战略计划》，提出了推进大数据技术研发的具体七大战略计划。此外，德国、澳大利亚、法国、韩国、印度、新加坡等多个国家也都制订了相关战略或计划，各国都认识到需要通过数据开放促进数据应用，在保障国家安全的基础上实现业务创新及新兴产业发展，最终实现经济发展。2015年9月，我国国务院发布《促进大数据发展行动纲要》，这是指导中国大数据发展的国家顶层设计和总体部署；随后在10月的十八届五中全会公报中提出要实施"国家大数据战略"，将其上升为国家战略。2016年8月，我国在《"十三五"国家科技创新规划》中将大数据作为2030科技创新重大项目的九项重大工程之一。

2.3.2 技术储备

先进信息通信技术在电力行业的推广应用，催生了电力公司对企业内部海量数据的分析处理需求，智能电网大数据的前瞻研究与技术储备阶段也随之到来。

智能电网海量数据应用方面，国外高校与研究机构在20年前便开始在智能电网大数据领域开展基础前瞻性研究。20世纪90年代，美国电科院率先开展数据融合方面的研究，为数据的统一模型建立奠定了基础。2008年以来，美国研究机构、高校及电力公司先后开展了"能源系统集成设备""未来电网计划""太平洋西北智能电网示范项目""配电网现代化示范项目""输电网现代化示范项目"等科技项目或课题，围绕输电、配电、用电及基于电力信息的政府决策等领域的大数据问题开展了研究。2009年，国家电网公司开展了智能电网发展规划与关键技术研发；2012年，发布了国家电网公司公共信息模型（SG-CIM），为各信息系统之间的数据集成融合提供了依据；2013年开始，在输变电运行管理、智能配电网、用电与能效、决策支持等专业领域开展大数据应用关键技术研究。

大数据技术方面，国外如Google、Facebook、Oracle、IBM等一

些知名互联网公司与IT巨头的大数据处理技术正在趋于成熟，大数据平台已经成为各公司支撑日常业务开展的基础设施。各大公司在开源Hadoop技术的基础之上，还面向业务需求开发了特色数据处理产品，如LinkedIn公司的分布式消息系统Kafka，Twitter公司的分布式数据库DistributedLog等。

2.3.3 业务领域

欧美国家的电力公司在建设智能电网阶段，重视系统的互操作性，电网具备了信息物理系统的雏形，数据的融汇贯通带来了先天的智能电网大数据应用优势。一些电力公司如法国电力集团，电气设备制造商如西门子、施耐德等公司的应用研发侧重于电网分布式传感器和控制系统的部署、智能电表用户数据的采集和分析等。此外，自2007年开始，一批新生小型高科技电力大数据公司在美国硅谷成立，并逐渐成为智能电网大数据科技研发中最为活跃的力量。这些公司根据市场需求有针对性地研发了不同的应用。目前在发电侧，主要侧重于电厂设备预测性维护、新能源规划和运行管理等领域；在电网侧，主要侧重于设备资产管理和风险分析、输配电线路和设备状况监测、输配电网预测性维护、电动汽车充（换）电站规划辅助分析等领域；在备受关注的用户侧主要涉及分布式能源接入管理、AMI计量资产管理、收入保护（防窃电）、居民用户用电行为分析、需求响应、客户投诉情感关怀等领域。

在我国，电力企业是智能电网大数据应用的主要引领者。2014年，国家电网公司开始研发建设企业级大数据平台，并启动了大数据应用试点研究。目前已建成集中式和分布式混合架构的电力大数据平台，并开发了电力负荷预测应用、用电行为分析应用、配电变压器重过载预警分析应用、防窃电预警分析应用、政策性电价和清洁能源补贴执行效果评估等典型示范应用。2015年，国家电网公司启动了"信息通信新技术推动智能电网和'一强三优'现代公司创新发展行动计划"。该计划从关键技术研发、基础平台升级和多领域应用支撑三方面对大数据研究工作提出要求，在应用方面重点推进大数据在输变电智能化、智能配用电、源网荷协调优化、智能调度控制、企业经营管理和信息通信六大领域的支撑作用。

2.4 面临挑战

目前，国内外在智能电网大数据应用方面尚处于起步阶段，研究和实践中也面临诸多挑战，主要表现在5个方面。

1．对大数据的认知尚未达成共识

目前，业界对于智能电网大数据的价值、主要应用领域和应用场景、研究方法及其与传统方法的关系、研究工作的长期性和复杂性等方面缺乏共识，对大数据的能力、价值、应用成效尚存质疑，多数人因为不了解或不认同而选择观望的态度，这会导致智能电网大数据的工作推进过程由于研究资金和人力储备不足而受到阻碍。

2．优质数据获取困难

一方面是数据本身获取困难。目前我国公共数据开放程度不够，获取困难；而电力行业内部数据则主要受到竖井式管理机制与数据安全考虑两方面影响，一是电力系统中各业务分部门管理、分系统开发，难以实现电力内部数据的跨专业顺畅流通和融合；二是电力公司需要考虑电力数据的敏感性与安全性，这也给行业内部数据的获取带来困难。

另一方面，获取到的数据在质量上也存在一些问题。数据质量在采集源头、通信信道、系统入库等环节均会受到不同程度的影响，这也给后续的数据分析利用带来了障碍。

3．缺少系统方法论和行业标准规范

系统方法论对整体架构设计与普适方法制定具有明确的指导作用。智能电网大数据目前缺乏权威的指导与规范，导致智能电网大数据应用的场景设计、数据获取和应用开发都带有尝试性，使得每一项应用工作都需要独立开展，另起炉灶，不仅可能造成工作量与设备资金的重复投入，也影响了研究成果所能达到的水平和认可程度。

此外，目前对大数据软硬件、处理流程与评测还没有统一的行业标准规范，各地开展的大数据项目缺少评测标准与评价体系。

4．涉及学科范围广，技术复杂程度高

智能电网大数据涉及数学、电气工程与信息工程等多个学科，每个应用场景往往需要跨越众多领域，这既需要对电力业务与电力数据的深刻理解，也需要对数据分析与计算机信息知识的掌握，对团队人才背景与素质提出很高的要求。

同时，大数据平台的开发与使用、数据的分析与挖掘等方面都具有较高技术门槛，往往需要专业人才的参与。例如对于算法设计人员来说，需要在清晰理解算法本身数学逻辑的同时，掌握并行程序设计模型和语言，应用在电气工程领域中。

5．人才队伍建设方法及联合攻关机制需要研究

每一个研究领域的兴起、发展以及完善都不是少数人能够完成的。智能电网大数据属于交叉学科，技术门槛高，目前跨专业人才非常稀少，而电力业务专家、数据分析专家和信息通信技术专家等多专业技术人员之间还存在一定的交流和知识壁垒，需要团队协作才能完成大数据的研究工作。

智能电网大数据
BIG DATA

3

智能电网大数据
重点应用领域

解决电网实际问题是智能电网大数据的重要使命。本章从智能电网发展的业务需求出发，结合大数据技术特点梳理电网各业务环节中适用于智能电网大数据的应用场景。按照服务对象，将智能电网大数据重点应用领域划分为电网运营和发展、电力用户、社会与政府三大类。其中，第一类应用服务于智能电网发展和企业运营，力求提升电网运行管理水平，推动电网公司运营模式和管理模式创新；后两类应用服务于人民生活、社会经济与政府决策，力求提升客户服务质量，更好支撑和服务于社会。

3.1 电网运营和发展

3.1.1 电网发展规划

电网规划工作包括负荷预测、可靠性评估、规划方案制定、投资效益分析等内容。由于待规划区域内往往缺少实际运行数据，规划工作需要从大量的历史数据中提取信息作为参照。大数据技术在信息提炼和数据挖掘方面的优势能够在负荷和用电量预测、分布式电源和充电设施规划、可靠性分析等方面发挥重要作用。具体应用方向包括负荷预测、负荷建模、电动汽车充电需求分析、电网可靠性影响因素分析等。

1．负荷预测

利用来自用电信息采集系统、配电自动化系统、调度控制系统的全量负荷数据，对负荷进行逐层分解，同时从负荷类型、季节、区域、时段等多个时空维度，分析负荷的变化和分布规律，建立负荷特性模式库。在此基础上，加入国家、地方、产业等经济运行数据和发展规划数据，详细分析电力负荷与其他行业领域之间的关联关系，形成多因素的负荷预测方法，提高负荷预测准确度。

2．负荷建模

规划方案需要通过稳定计算进行安全性校验，负荷模型的准确性对于计算结果的准确性有较大的影响。基于综合能量管理系统、用电信息采集系统提供的变电站以及用户功率信息分析负荷构成，利用负荷分类和聚类等数据挖掘方法分析各类负荷的稳态和暂态特性，可建立起较为准确的负荷模型。

3．电动汽车需求分析

根据电动汽车用户的车辆运行数据和充电设施运营数据，按照车辆型号、车辆用途、用户习惯分析不同类型车辆的用户充电行为规律，可获得充电需求的空间和时间分布，指导充电设施规划和建设。

4．电网可靠性影响因素分析

以提高配电网可靠性为目标，从网络结构、设备水平、用户构成等几个方面提取与可靠性相关的特征，识别电网薄弱环节，结合供电区域内的用户诉求和运行环境，分析最佳的可靠性提升路径，指导配电网规划和投资。

3.1.2　电网优化运行

大数据技术可应用在优化电网运行方式、分析运行风险以及发现异常用电等业务中，包括基于WAMS的电网运行态势评估、电力调度控制智能告警、配电网风险评估、非技术性线损监测、技术性线损精细化管理等。

1．基于WAMS的电网运行态势评估

针对WAMS历史信息或各种预想故障集的时域仿真结果，对大电网广域量测信息或仿真结果进行关联特性挖掘，获得不同运行场景下的大电网能量传递和扰动传播时空关联特性；结合随机矩阵、熵、时间序列等方法，对系统静态、暂态稳定态势进行早期预判，定量评估故障地点、故障类型等因素对稳定性的影响，识别系统薄弱环节，为安全稳定控制策略的制定提供依据。

2．电力调度控制智能告警

有效整合并综合利用电力系统的稳态、动态和暂态运行信息，实现电力系统的实时监测、智能预警和动态调控功能，实现对事故报警的智能研判与协调控制、事故后的故障分析处理和系统恢复，使得调度运行管理具备智能化、可视化等高级应用功能。

3．电网运行风险评估

随着现代电力系统规模的不断扩大，特高压线路的增多，网架结构日益复杂，电网运行面临的潜在风险也越来越多。电网运行风险评估传统方法通常有三种：定性分析、概率分析和状态评价，但是评估过程往往仅基于部分数据源，通过人工对设备家族、风险等级进行分类与打分。通过融合体量更大、类型更多的电网设备静态参数与电网运行数据，更加客观地分析、归类输配电网的运行状态及风险等级，发现设备和电网故障、事故之间的深层关联关系，能够准确辨识、定位、预测和评估电网运行风险。

4．非技术性线损监测

在营销数据与配用电数据贯通融合的基础上，通过分析历史负荷曲线、负载电压以及其他相关事件，检测出线损异常状况，判断线损

异常类型。对于非技术性线损异常，通过进一步识别非技术性线损模式，评估其属于窃电、私自改造电表、恶意损坏电表等有意行为，还是属于电表运行自发故障、电力公司安装错误等无意行为，为后续降低非技术性线损措施提供辅助决策依据，为用电稽查人员提供高效有力的手段，以此来减少窃电损失以及调查维护费用，提高电力企业防窃电工作的能力和准确性。

5．技术性线损精细化管理

同期线损管理是电网公司实现降本增效的核心内容。针对同期线损数据中的缺失和异常数据，通过数据挖掘方法建立多维度的线损预测模型，可提升线损数据质量。另外，针对中低压线路和台区，从网架结构、负荷特征以及用户行为等几个方面，筛选与线损变化规律相关的特征参数，建立典型中低压线路与台区的线损评估模型，实现对大规模电网的线损评估，可提高同期线损管理效率。

3.1.3 电网资产管理

电力设备缺陷和故障会降低设备寿命、破坏设备性能，同时影响电网系统的安全稳定运行。电网资产管理是指对电网中庞大设备资产的高效运维和管理，不仅可以提高电网企业经营绩效，而且有助于夯实智能电网的建设基础。在融合设备监测数据、天气预报数据、调度数据等多源数据的基础上，对设备状态进行评估和预测，及时消除设备故障隐患。具体应用方向包括输变电设备状态监测与评估、电力设备可靠性评估、大规模储能系统综合管理与分析等。

1．输变电设备状态监测与评估

输变电设备在恶劣的条件下运行，容易诱发设备缺陷和故障。利用设备状态数据、历史运行数据、区域气象环境数据、负荷数据等运行检修数据对设备状态进行评估和预警，可辅助调度和运维检修人员进行决策，保证系统的低风险运行。

2．电力设备可靠性评估

基于电力设备的全寿命周期数据记录，可对设备在规划设计、生产制造、检验实验、运行维护、更换退役等各个阶段的可靠性指标及变化规律进行分析，评估运维策略、系统运行方式以及运行环境对设备可靠性的影响。

3．大规模储能系统综合管理与分析

对电池单体、电池组及电池储能系统试验信息、电池储能系统并网运行信息、风光储联合发电系统并网运行信息等数据进行融合与分析挖掘，可为储能系统规划与设计、储能系统状态评估与故障诊断、储能设备检测与运行维护等提供参考和依据。

3.2 电力用户

3.2.1 用户行为分析

利用大数据技术对用户的行为和信用进行分析，有助于电网公司有针对性地提供定制化服务，优化用户用电行为，提供增值服务，增强与客户的沟通与互动，优化用户体验，提升电网公司服务和运营管理水平。具体应用包括非侵入式用户负荷分解、用户需求响应潜力分析、用户能效评估、客户缴费行为分析、供电服务舆情监测分析等。

1．非侵入式用户负荷分解

利用高频率采集的用户负荷曲线数据，通过基于模式识别的用电

设备运行特性识别技术，能够将用户总负荷按照其用电设备进行分解，进而获知用户的用电行为和习惯。通过与用户特征的配合，能够进一步分析不同类型用户用电行为相关的驱动和激励因素，为用户节能服务和需求响应潜能分析及激励机制制定提供参考。

2．用户需求响应潜力分析

根据不同的气候条件（如潮湿、干燥地带，气温高、低地区）、不同的社会阶层将用户进行分类，为每一类用户绘制不同用电设备的日负荷曲线，分析其主要用电设备的用电特性，包括用电量出现的时间区间、用电量影响因素及是否可转移、是否可削减等，以及不同季节、不同时刻用户用电对天气的敏感性；分析不同用户对电价的敏感性，包括在不同季节、不同时间对电价的敏感性。在分类分析的基础上，通过聚合得到某一片区域或某一类用户可提供的需求响应总量，进而分析哪一部分容量、多少时间段的需求响应量是可靠的，为制定需求管理/响应激励机制提供依据。

3．用户能效评估

通过对海量用户数据的筛选和抽取，形成典型用能系统，建立典型用能系统能耗模型；分析建筑物、高耗能企业等典型用户和典型用能系统的能效影响因子，梳理用户能效指标；分析各因子对能效指标的灵敏度，形成综合能效评估标杆库，为预测建筑及高耗能等典型企业及各部门用能变化趋势、分析节能潜力、提出综合节能策略提供参考。

4．客户缴费行为分析

通过对来源各异、数据量巨大的用户缴费交互过程记录进行分析处理，提取客户行为特征数据，深入分析客户的交互行为、时间偏好、渠道偏好、操作偏好等行为方式，并对业务与渠道的关联关系进行分析；结合渠道承载业务的关联关系，使用匹配算法或者协同过滤推荐方法，将不同行为方式同渠道进行匹配，评估各种缴费的效率和适用人群，优化客户缴费服务渠道、改进业务流程、引导客户使用效率高的电子渠道进行缴费，进而提高服务效率和客户满意度。

5．供电服务舆情监测分析

在电力市场机制优化和改革过程中，电力供需矛盾、环境保护和可持续发展等问题目前已受到社会舆论的高度关注，电力舆情工作面临全新挑战。电力行业的舆情监测系统重点关注热点词语、关键事件、媒体报道情况等，主要针对文本、视频、声音、图片等互联网多媒体数据进行抓取和分析。利用大数据采集、存储、分析、挖掘技术，从互联网海量数据中挖掘、提炼关键信息，洞察客户行为，实现舆情监控，提升电力客户营销服务水平。

3.2.2　用户服务优化与提升

用电信息采集系统基本实现全覆盖、全采集，能够提供不同行业、不同用户类型的日负荷曲线、月负荷曲线、日电量、月电量、年电量等实时和历史数据。其他营销业务系统中还包含了用户业务办理、电费收缴、缴费渠道、供电合同、用电检查、客户服务等信息。随着智能网关、智能插座等设备逐步普及，用户用电数据采集与存储变得更为便捷，并可能获得更加详细的用户用电信息，为探索多样的服务模式，全面提升服务水平提供了条件。具体应用方向包括业扩报装辅助分析、故障停电管理与用户互动、电动汽车充电设施运营及交费渠道优化等。

1．业扩报装辅助分析

在营配调一体化的基础上，利用用电信息采集系统负荷和电量统计数据，结合营销业务系统销户、报停和减容业务流程，以及生产管理系统（Power Production Management System，PMS）的电网模型和数据采集与监视控制系统（Supervisory Control And Data Acquisition，SCADA）的厂站、线路负荷信息，评估新增供电点所在的线路、厂站的负荷和电量变化趋势、负荷特征及供电质量是否满足要求用户用电的需求，为制定用户业扩供电方案提供辅助解决方案，为加快业扩报装的速度和提高供电服务水平提供技术支撑，以提高公司用电营销管理精益化水平。

2．故障停电管理与用户互动

在电网发生故障停电时，快速定位受到故障影响的用户，告知其停电原因、停电预计恢复供电时间等信息，保证电网故障信息对用户透明、开放，帮助用户时刻掌握自身停电状况。同时利用用户反馈信息，及时跟踪现场动态，优化抢修资源，提高抢修效率。

3．电动汽车充电设施运营

利用充电设施运营数据，分析充电设施运行效率，优化充电设施布局，分析用户充电行为模式，为用户提供充电优化建议，同时也可配合城市实时交通情况，引导用户合理安排出行。

4．缴费渠道优化

充分利用电力及社会化缴费网点、客户地理位置信息及用电客户缴费等信息，分析缴费网点地域覆盖程度、缴费网点业务饱合程度、客户缴费习惯、客户平均缴费成本等，评估现有缴费渠道使用热度，辅助制定客户缴费行为引导策略。

3.3 社会与政府

3.3.1 政府辅助决策支持

电力与国民经济发展密切相关，电力需求变化能够真实、客观地反映国民经济的发展状况与态势。通过分析地区、行业、企业、居民的用电信息，并与电价、补贴、能耗指标等相关联，有助于政府和社会更好地了解和预测区域和行业发展状况、用能状况以及各种政策措施的执行效果，为政府就产业调整、经济调控等做出合理决策提供依据。用户用电数据、电动汽车充电站充放电数据以及包含新能源和分布式能源在内的发电数据也是政府优化城市规划、发展智慧城市的重要依据。

1．社会经济状况分析预测

社会经济状况分析预测分为行业和区域经济趋势预测及宏观经济趋势预测。行业和区域经济趋势预测是指利用各地区、各行业用电信息，分析用电与行业分布、地区产业结构的关系，以及不同行业之间的横向或纵向关联，发现影响重点行业、区域发展景气水平的关键因素，实现对重要区域和行业未来发展的用电情况与单位附加值用电量趋势的分析预测；对用户用电量数据、用户信息以及政府统计部门经济统计数据等进行关联分析。宏观经济趋势预测是指在各行业和区域经济趋势预测的基础上，提取全社会用电量及相应社会经济指标，分析用电增长与一致指数、先行指数等宏观经济指标之间的关联关系，研究社会用电情况与社会就业、经济周期波动、通货膨胀、经济增长等之间的关系及客观存在的周期波动等。

2．政策及其执行效果评估

分析不同区域、不同行业和不同用户的用电量概率分布及其典型负荷曲线，为电价政策的制定及效果评估提供依据；分析行业、企业的单位生产总值能耗，为政府制定能效补贴提供决策支持；分析新能源和分布式能源的发电数据、电动汽车充电桩的充放电数据、区域负荷数据、上网电价数据等，为新能源补贴、电动汽车补贴等国家和地方政策的制定提供依据。

3.3.2 电力数据商业价值

电力企业拥有数量最大、范围最广的用户群体。用户用电习惯侧面反映了用户的消费能力，细分居民用电消费特征，可为商业公司对居民的消费能力预测提供参考；结合区域用电量、电费缴纳、业扩报装等多方面数据，评估商铺投资回报及区域服务能力，为商业投资选址提供辅助决策。另外，对于与电网直接关联的发电企业和电力设备制造企业，设备的检测认证数据、运行数据、发电数据、负荷数据等信息将为这些企业的运营发展和产品升级提供强大的支撑。

1．用户信用与价值评价

电力用户是覆盖面最广的用户群体之一，通过对电力用户用电和缴费行为进行深度分析挖掘，对用户信用和价值进行评级，针对不同等级用户采用差别化营销和服务模式，积极挖掘高价值用户，有助于降低用电交易成本，同时可为银行、证券、商业、互联网等评估用户信用提供有力支持。

基于电力用户基本信息、长期的用电记录、缴费情况、缴费能力等数据，建立用户信用评级指标和标准，进行用户信用评价，并分析用户信用变化趋势和潜在风险；利用相似的方法，基于电力用户基本信息、用电情况、利润贡献、设备装备水平等数据，建立用户价值评级指标和评分标准，综合考虑企业信用等级及企业经营情况，实现对用户价值等级的评估。

2．广告定向投放辅助分析

在对不同区域居民用电行为分析的基础上，结合区域属性、商业消费信息、互联网信息等各类外部数据，利用聚类分析建模，细分居民用电消费特征，挖掘各区域居民消费习惯，为企业用户提供不同区域居民消费能力测算、消费品关注方向预测，以辅助企业为其产品进行广告定向投放。

3．商业投资选址辅助分析

通过分析区域居民、商户、学校、医院、公共场所等不同群体用电行为，结合区域电费缴纳、业扩报装、地理信息系统（Geographic Information System，GIS）信息等多方面数据，建立不同类型商户与周边区域用电关联分析模型，以评估建立商铺投资回报及区域服务能力，为商业投资选址提供辅助决策。

4．关联企业发展决策支持

通过对电网企业的电力设备、监控设备和电能表的检测数据、测试数据和运行数据进行深度分析挖掘，比较不同型号、不同厂家设备的异同，寻找影响设备运行寿命和性能的关键因素以及改进途径，协助相关企业提高产品水平，推动行业发展。

3.3.3　支撑智慧城市和能源互联网的建设

智慧城市和能源互联网是未来城市运行和能源供应的发展趋势和目标，现代信息通信技术、传感技术、监控技术等的发展和广泛应用，将构成连接智慧城市和能源互联网各个组成部分的骨架，为智慧城市和能源互联网的建设提供必要的支撑，而大数据技术将作为大脑和神经，保证智慧城市和能源互联网的高效运行，真正体现其互联互通和智能化。

1．智慧城市中的大数据应用

智慧城市涉及城市电网和供气、供暖、供水系统、公共和私人交通系统以及商业建筑、医院、住宅等多个系统的跨领域集成和交互，对于提升城市的宜居性和可持续性至关重要。电网数据能够集中反映社会宏观发展、产业发展和环境变化，不同人群分布及迁徙、居住情况和消费趋势，机器、工厂、行业的能效，交通发展情况。来自电网外部的数据，如天气预报数据、城市建设规划数据、地理信息系统数据也将为智慧城市中的电网发展提供参考。

2．能源互联网中的大数据应用

以智能电网为核心的能源互联网，通过电力与热、气系统的深度融合，在提升电力系统灵活性的同时，实现各类能源在更大范围的优化配置和自由转换。通过为用户提供定制化的能源服务，激发用户参与到能源生产、管理、消费各个环节的主动性，提高能源利用效率。作为智能电网从结构到内容上的扩展和深化，能源互联网的实现离不开先进的信息通信技术和开放自由的能源交易市场，前者带来更大体量、更加复杂的数据资源，后者要求更加高效安全的数据管理技术，因此智能电网大数据的理念和相关技术在能源互联网电网发展中将发挥更加重要的作用。

智能电网大数据
BIG DATA

4

智能电网大数据
技术体系

智能电网大数据技术涉及数据的采集、存储、处理、分析挖掘、可视化、安全与隐私保护等诸多环节，各环节采用的技术和方法也日新月异。本章在广泛调研、深入分析和应用实践的基础上，提出智能电网大数据的技术架构，并针对具体环节详细阐述智能电网大数据关键技术，最后总结提炼出各项关键技术的基本信息、特点及适用场景等。

4.1 智能电网大数据技术架构

基于大数据的信息链，并结合现有大数据研究成果和智能电网的特点，构建智能电网大数据的技术架构（见图4-1），包括数据采集、

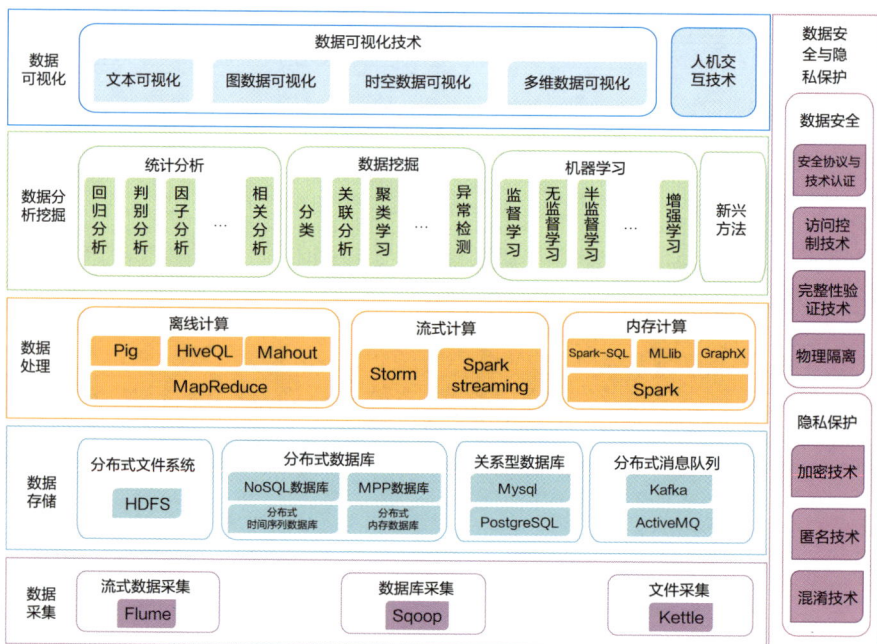

图4-1 智能电网大数据技术架构

数据存储、数据处理、数据分析挖掘、数据可视化和数据安全与隐私保护等关键技术部分。

4.2 智能电网大数据关键技术

4.2.1 数据采集

智能电网大数据具有数量巨大、复杂多样、分散放置等特征，这些特征给数据抽取、转换及加载（Extract Transform Load，ETL）过程带来极大的挑战。为确保智能电网大数据整个采集过程完整高效，需要根据其数据类型及特征选择相应的采集策略。智能电网大数据的采集通常分为流式数据采集、数据库采集及文件采集三种。

1．流式数据采集

该方法用于对智能电网设备监控日志、采集报文等数据进行分布式采集、聚合和传输。通过简单配置数据来源、数据传输通道及数据目的地，即可实现数据收集；同时，可实时监控并跟踪数据从采集、处理到入库的全过程。典型的流式数据采集工具包括Flume、Chukwa、Scribe。

2．数据库采集

该方法用于从关系型数据库抽取数据到分布式文件系统（Hadoop Distributed File System，HDFS）、Hive或者HBase等分布式存储系统中。支持配置抽取源、抽取目标、目标路径、抽取规则、并行度、数据转换规则、数据分隔符等属性，适用于关系型数据库与大数据平台分布式存储之间的数据交换和整合。典型的数据库采集工具如Sqoop。

3．文件采集

该方法用于采集txt、csv、dat等类型的文件，并且可以通过配置文件校验规则、预处理规则等转换规则，实现对文件的稽核，完成文件数据接入。典型的文件采集工具是Kettle。

4.2.2 数据存储

智能电网大数据需要根据数据特点选用合适的数据存储方式，保证具有足够的存储容量和高效的查询索引性能。

行之有效的方法是分而治之，即构建易于扩展的分布式存储系统，随着数据规模的扩大，动态增加存储节点。针对不同的数据类型，采用不同的存储引擎，同时还需要构建各存储系统之间的连接器，实现数据快速融合。

1．分布式文件系统

分布式文件系统适合存储海量非结构化数据，即将数据存储在物理上分散的多个存储节点上，统一管理和分配节点资源，并向用户提供文件系统访问接口，解决本地文件系统在文件大小、文件数量、打开文件数上的限制问题。

HDFS是一个分布式文件系统，它是开源项目Hadoop的家族成员。HDFS将大规模数据分割为64M的数据块，存储在多个数据节点组成的分布式集群中。当数据规模增加时，只需增加更多的数据节点，具有强大的可伸缩性。同时，每个数据块会在不同的节点中存储多个副本，具有高容错性。此外，数据是分布存储的，因此HDFS具有高吞吐量的数据访问能力。

2．分布式数据库

传统的数据库在数据存储规模、吞吐量及数据类型和支撑应用等方面存在瓶颈，大数据环境下对数据的存储、管理、查询和分析需要采用新的技术。分布式数据库由于具有很好的扩展性和协同性，适用于结构松散无模式的半结构化数据或非事务特性的海量结构化数据，在大规模数据存储和管理中得到了广泛应用。目前主要有非关系型（Not Only SQL，NoSQL）数据库、大规模并行处理（Massively Parallel Processing，MPP）数据库、分布式时间序列数据库、分布式内存数据库等。

（1）NoSQL数据库。键值存储系统即Key-Value存储，是一类NoSQL存储系统的统称。键值存储系统的数据按照键值对（Key-Value Pair）进行组织、索引和存储。与关系型数据库相比，键值存储系统一般为无模式的，特别适合结构复杂、关联较少的半结构化数据存储，且拥有更好的读写性能。例如HBase数据库，可利用HDFS作为其文件存储系统，通过使用MapReduce技术来处理其存储的海量键值对数据。这是当前智能电网大数据处理常用的键值存储系统。

文档数据库是一类高性能、面向文档、与模式无关的NoSQL数据库，主要用于存储、索引并管理面向文档的数据或半结构化数据。文档数据库弥补了关系数据库对非结构化数据处理能力的不足，同时兼具关系数据库绝大多数查询功能。文档数据库以标准化格式封装和加密数据，并用多种格式进行解码，在海量数据集上提供更快的遍历速度和操作。目前广泛应用的文档数据库主要包括MongoDB、CouchDB等。

图数据库是一类面向图、高性能的NoSQL数据库。相对于关系数据库，图数据库的优势是处理大量复杂、互连接、低结构化、变化迅速且查询频繁的数据时，能够避免大量的表连接导致的性能问题。图数据库通过使用面向聚合的模型来描述一些具备简单关联的大型记录组并运行在集群环境中，适用于社交网络、推荐系统、GIS等领域。目前广泛使用的图数据库主要有Neo4j、FlockDB、Titan等。

（2）MPP数据库。MPP数据库采用Shared Nothing架构，通过列存储、粗粒度索引等多项处理技术，再结合MPP架构高效的分布式计算模式，完成对分析类应用的支撑；具备数据高效存储、高并发查询功能，支持标准SQL，再加上其高性能和高扩展性的特点，特别适用于海量数据的统计分析。目前主流MPP数据库包括GBase 8a、阿里巴巴Analytic DB、Greenplum和Sybase IQ等。

（3）分布式时间序列数据库。分布式时间序列数据库是专门用于管理时间序列数据的专业数据库。与传统关系型数据库不同，时间序列数据库针对时序数据进行了存储、查询等方面的专门优化，具有优良的数据压缩能力、极高的存储速度和查询检索效率，用于解决海量电网运行记录全息存储、高效检索和分析等方面的问题。在存储策略方面，分布式时间序列数据库改变原有周期性存储为根据变化的时间序列连续存储，以满足电网调度业务应用中基于时间维度、时间切面的数据检索与分析，具有比传统关系数据库更高的响应速度、查询效率和处理性能。目前主流分布式时间序列数据库包括OpenTSDB、InfluxDB等。

（4）分布式内存数据库。内存数据库的本质特征是主拷贝或"工作版本"常驻内存，适用于高性能实时查询分析场景。相对于磁盘，内存的数据读写速度要高出几个数量级，将数据保存在内存中相比从磁盘上访问能够极大地提高应用的性能。同时，内存数据库抛弃了磁盘数据管理的传统方式，基于全部数据都在内存中重新设计了体系结构，并且在数据缓存、快速算法、并行操作方面也进行了相应的改进，其数据处理速度比传统数据库的数据处理速度要快很多，适用于对数据访问实时性要求高的场景。常见的典型分布式内存数据库有Sybase ASE 、SAP HANA、VoltDB。

3．关系数据库管理系统

关系数据库管理系统是当前智能电网大数据相关的业务应用系统中结构化数据的主要存储系统。基于对业务数据保密性和敏感性要求，如用户档案、设备档案、调度等数据，采用传统关系型数据库具有分布式存储所不具备的安全优势；基于对业务系统运行效率的要求，采用由关系型数据库扩展形成的并行数据库来逐步取代关系型数据库的某些功能，能够大幅提升业务系统的性能。关系数据库管理系统是智能电网大数据架构中的重要存储组件，仍然广泛应用于涉及事务、高时效、高安全的业务应用领域。目前在智能电网中广泛使用的关系数据管理系统主要包括MySQL、PostgreSQL、Oracle、DB2和Sybase等。

4．分布式消息队列

分布式消息队列是通过发布订阅消息的模式支持业务应用向消息队列推送实时业务数据，适用于实时业务数据的存储需求，如用电信息采集数据通过消息发布接口将采集数据实时推送至大数据平台进行处理。

分布式消息队列支持消息主题的创建、删除和查看等操作，实时监控各个主题消息的消费情况，支持回溯消费等操作；支持业务系统实时在线的向消息队列推送业务数据，并以主题的方式进行消息分组；支持消息的订阅者以主动或被动的方式关注订阅感兴趣的消息主题。典型消息队列组件如Kafka、RabbitMQ、ZeroMQ等。

4.2.3 数据处理

智能电网大数据处理的问题复杂多样，不同业务应用领域的数据处理时间、数据规模各不相同，其中数据处理时间一般是业务应用中最敏感的因素。根据处理时间的要求将业务划分为在线、近线和离线。其中在线的处理时间一般在秒级甚至是毫秒级，因此通常采用流式计算方式；近线的处理时间一般在分钟级或者是小时级，通常采用内存计算方式；离线的处理时间一般以天为单位，通常采用离线计算方式。

1．流式计算

流处理的基本理念是数据的价值会随着时间的流逝而不断减少，因此尽可能快地分析最新数据并给出分析结果，是所有流式计算处理模式的共同目标。智能电网中需要采用流式计算处理的大数据应用场景主要有电力系统安全稳定分析、电力设备运行状态评估、生产环境重要指标计算和客户的实时需求等。这类数据刚刚生成就需要进行数据移动、计算和使用，才能够保证数据价值最大化。现阶段，基于传统数据量级的实时计算框架已经成熟地应用于设备故障检测、故障预警、设备状态评估等业务。但是，随着数据规模急剧增长，传统实时计算的性能瓶颈开始凸显。为保证海量数据的实时访问和实时计算分析性能，智能电网大数据引入了分布式流式计算处理框架。目前广泛应用的分布式流式计算框架主要包括Storm和Spark Streaming。

Storm是分布式实时计算系统，能够处理源源不断的数据流，并将结果写入存储系统中，经常用在实时分析、在线机器学习、持续计算、分布式远程调用和ETL等领域。Storm是全内存计算，且计算速度很快，弥补了Hadoop批处理所不能满足的实时要求。但是Storm还存在集群负载不均衡、任务部署不够灵活、不同的拓扑之间无法通信、结果无法共用等缺点，这也限制了其在智能电网领域的应用范围。目前，Storm主要用于实时数据采集、数据ETL和持续在线数据分析等计算需求相关的业务领域。

Spark Streaming是对Spark技术在实时计算方面的扩展，支持高吞吐、低延迟、可扩展的流式数据处理。与传统的流式计算处理中一次处理一条记录的方式不同，Spark Streaming将流式数据按时间粒度进行离散化，以类似批处理的方式进行秒级以下数据片断的处理。凭借独特的缓存策略，Spark Streaming能够在极短的时间内完成批数据处理并将结果输出到别的系统。同时，其分布式计算的特性，避免了传统模型指定单一静态节点执行数据处理的风险和性能瓶颈，实现了负载均衡与快速故障恢复。Spark Streaming既可以根据数据特点高效智能地完成数据ETL，也可基于数据挖掘或专家经验来建立数据模型。流处理结束后，计算结果和原始数据将被智能地保存在合适的存储结构中，供后续数据挖掘使用，也可以实时地反馈给相应的业务系统，实现电网运行状态、设备状态、电力负荷以及用户需求指标的实时监控。

2．内存计算

智能电网大数据内存计算主要应用于海量、非实时静态数据的复杂迭代计算，可以通过减少磁盘I/O的操作，提高数据读写能力，加速海量数据的分布式计算效率。此外，该计算框架也广泛应用于智能电网大数据中的有向无环图（Directed Acyclie Graph，DAG）计算、机器学习等方面上。

Spark是一种基于DAG编程模型的高效分布式计算框架。采用Spark实现的MapReduce算法，具有MapReduce的所有优点且更高效。Spark可以将复杂应用划分不同的阶段，各阶段产生的中间结果可以保存在内存中，从而大幅减少磁盘I/O开销，具有更好的读写性能，同时也避免了MapReduce繁琐复杂的串联任务操作和反复调用，适用于替代机器学习等需要迭代计算的算法。Spark已经在智能电网海量数据交互式查询、数据分析等方面得到广泛应用。在智能电网大数据架构中，Spark可以基于Hadoop集群来实现资源的高效利用，使其具备与Spark独立集群同等的实时计算、海量数据分析挖掘能力。

GraphX计算是Spark生态圈中的分布式、高性能图计算框架。图计算是以"图论"为基础的对现实世界的一种"图"结构的抽象表达，以及在这种数据结构上的计算模式。图数据结构很好地表达了数据之间的关联性，可以从噪声很多的海量数据中抽取有用信息。而在现有智能电网大数据架构中的MapReduce计算引擎还无法满足复杂的关联性计算。在智能电网的许多业务应用中，数据分析的维度不是事先预定的，需求也会根据时间不断在变化。GraphX中图结构维护的海量数据关联能够进行交互式的数据钻取和挖掘，形成基于业务应用的画像，解决大数据环境下多维关联分析动态变化的问题，实现复杂的图数据挖掘。

机器学习库（Machine Learning lib，MLlib）是Spark对常用机器学习算法的实现库，目前提供了包括分类、聚类、协同过滤、降维在内的通知学习算法和工具类。同时，用户也可以根据需求开发特定算法。MLlib充分利用 Spark计算框架的强大性能和一站式解决能力，最大限度地降低了分布式算法开发难度。当前，智能电网大数据挖掘和深化应用对分布式算法的需求日益增加，需要根据业务需求有针对性将传统成熟的数据挖掘算法在MLlib中逐步分布式化。随着人们对数据挖掘领域的不断重视，MLlib算法库也在快速的丰富和完善，大幅减少了智能电网大数据挖掘的成本。目前智能电网领域利用Spark MLlib组件，逐步致力于海量数据的分析挖掘处理，解决当前电力行业小数据集上的分析挖掘局限性问题。

3．离线计算

智能电网大数据批量计算主要应用于海量、非实时静态数据的批量计算和处理。批量计算凭借其低成本、高可靠性、高可扩展的特点，在离线数据处理业务中得到了广泛的应用。当前的离线计算框架众多，需要针对数据特点，从编程模型、存储介质、应用类型等角度选择合适的离线计算框架，以满足智能电网大数据应用场景的需求。

MapReduce是一个使用简易的软件框架，用于大规模数据集的并行运算，主要用来分析大规模离线数据。基于MapReduce实现的应用程序可以运行在由数千台商用机器组成的大型集群上。MapReduce的核心思想包括两个方面：一是将问题分而治之；二是把计算推到数据而不是把数据推到计算，有效避免数据传输过程中产生的大量通信开销。

Pig是在MapReduce上构建的一种高级查询语言，把一些运算编译进MapReduce模型的Map和Reduce中，适合于处理大型半结构化数据集，简化Hadoop的使用。

HiveQL是在MapReduce之上构建的能够提供完整的SQL查询功能的语言，大幅简化了HDFS中海量数据的统计分析过程。

Mahout 是一个分布式机器学习算法的集合，其最大的优点就是基于Hadoop实现，将很多以前运行于单机上的算法转化为了MapReduce模式，提升了算法可处理的数据量和性能。

4.2.4　数据分析挖掘

数据分析是智能电网大数据处理的核心，数据集成和清洗是数据分析的基础，大数据的价值产生于数据分析。由于智能电网大数据具有海量、复杂多样、变化快等特性，传统的数据分析算法很多已不再适用，需要采用新的技术架构、数据分析方法或对现有数据分析方法进行改进。智能电网大数据分析挖掘的常用方法包括统计分析方法、数据挖掘方法、机器学习方法及新兴方法等。

1．统计分析方法

统计分析方法是通过整理、分析、描述数据等手段，发现被测对象本质，甚至预测被测对象未来的一类方法。统计分析可以为大型数据集提供两种服务：描述和推断。描述性的统计分析可以概括或描写数据的集合，而推断性统计分析可以用来绘制推论过程。更复杂的多元统计分析技术有：多重回归分析（简称回归分析）、判别分析、聚类分析、主元分析、对应分析、因子分析、典型相关分析、多元方差分析等。

2. 数据挖掘方法

传统的数据挖掘[1, 2]是在大型数据存储库中自动地发现有用信息的过程，其方法主要有分类分析、回归分析、关联分析、聚类分析、异常检测和汇总等六种。2006年，电气和电子工程师协会国际数据挖掘会议（IEEE International Conference on Data Mining，IEEE ICDM）评选出十个最具影响力的数据挖掘算法[3]，包括：分类决策树算法（C4.5）、K均值（K-means）聚类算法、支持向量机算法（Support Vector Machine，SVM）、布尔关联规则频繁项集算法（Apriori）、最大期望算法（Expectation Maximization，EM）、网页排名算法（PageRank）、提升算法（AdaBoost）、k近邻算法（k Nearest Neighbors，kNN）、朴素贝叶斯算法（Naive Bayes，NB）和分类回归树算法（Classification And Regression Tree，CART）。此外，也有其他先进的计算智能算法，如神经网络和遗传算法应用于不同领域数据挖掘当中。在大数据环境下，进行数据挖掘时需要对采用的算法进行并行化，以提高算法的性能，发挥大规模数据平台的优势[4]。

3. 机器学习方法

机器学习[5]是人工智能（Artifical Intellgence，AI）的一个分支，涉及概率论、统计学、逼近论、凸分析、计算复杂性理论等多门学科。机器学习理论主要是设计和分析一些让计算机可以自动"学习"的算法。机器学习算法是一类从数据中自动分析获得规律，并利用规律对未知数据进行预测的算法。机器学习大体上可分为监督学习（Supervised Learning）、无监督学习（Unsupervised Learning）、半监督学习（Semi-supervised Learning）和增强学习（Reinforcement Learning）等几类[6]，如表4-1所示。在智能电网大数据环境下，机器学习算法要结合分布式和并行化大数据处理技术，以便提升可扩展性和计算效率，同时还要考虑数据长尾效应、数据的信息物理耦合特性等。

表 4-1　　　　　　　　　机器学习方法总结

大类	定义	小类	方法举例
监督学习	从给定的训练数据集中学习出一个函数，当新的数据到来时，可以根据这个函数预测结果。监督学习的训练集要求是包括输入和输出，也可以说是特征和目标。训练集中的目标是人为标注的	分类	k 近邻 决策树 支持向量机 贝叶斯分类器 集成学习 隐马尔可夫模型
		回归	神经网络 高斯过程回归
无监督学习	与监督学习相比，训练集没有人为标注的结果	聚类	自组织映射 层级聚类 聚类分析
		规则学习	关联规则学习
半监督学习	介于监督学习与无监督学习之间，同时使用有标记和无标记数据	—	生成式模型 半监督 SVM 协同训练 图半监督学习
增强学习	通过观察来学习做成如何的动作。每个动作都会对环境有所影响，学习对象根据观察到的周围环境的反馈来做出判断	—	Q 学习 时间差分学习

4．新兴方法

随着数据规模的增大，对机器学习算法的可扩展性、稀疏性和鲁棒性也提出了更高要求。为从智能电网大数据中获得更准确、更深层次的知识，需要提升分析挖掘系统对数据的认知计算能力，采用人工智能方法使分析挖掘系统具备对数据的理解、推理、发现和决策能力。交互式可视化分析[7]、深度学习[8]、随机矩阵理论[9]、自然语言处理[10]、群智能[11]等新的数据分析方法也成为智能电网大数据分析挖掘的重要技术。

智能电网大数据除了规模大以外还有维度高的特点，在分析挖掘中通常会进行降维处理，因而特征学习和特征选择算法仍然不可忽视[12]。智能电网大数据的信息物理系统耦合特性[13]也增加了分析的难度，而机器学习算法通常缺乏直观的物理解释[14]，因此数据分析挖掘的结果还需结合业务领域知识给予合理的解释。

以上分析方法不是严格孤立的，存在着交叉融合，但每种数据分析方法都有其应用特点，在智能电网大数据应用中需要针对具体的业务采用合适的数据分析方法，同时还需考虑算法的计算性能、可编程性和易用性等问题。

4.2.5 数据可视化

数据可视化是利用图形图像处理、计算机视觉及用户界面，对数据加以可视化解释的高级技术方法。其目的是围绕一个主题，在保证信息传递准确、高效的前提下，以新颖、美观的方式，将复杂高维的数据投影到低维度的画布上。根据技术原理，数据可视化方法可以划分为基于几何的技术、面向像素的技术、基于图标的技术、基于层次的技术、基于图像的技术，以及分布式技术等；按照数据的不同类型，数据可视化技术可以分为：文本可视化、网络（图）数据可视化、时空数据可视化、多维数据可视化等[15]。

　　大数据时代，数据往往是海量、高维、复杂关联的，传统的可视化方法无法满足大数据可视化的实时性和人机交互高频性要求。大数据可视化分析通过有效融合计算机的大规模计算能力和人的认知能力，基于人机交互实时计算和可视化展示数据，获得大规模复杂数据集隐含的信息。大数据可视化在智能电网大数据中的应用包括以下方面：

1．电网全景全域态势概览

　　针对智能电网大数据的时域和地域特征，通过大数据可视化技术，将电网运行数据与全景的电网信息拓扑图和GIS结合，可绘制全国各省（自治区、直辖市）的电力地图，对历史数据、实时数据以及未来预测规划数据进行流线化动态展示，展示电网数据集全貌，预估电网全景全域的发展态势。

2．高维数据动态分析

　　针对智能电网大数据高维、复杂的特征，可采用多维多尺度分析方法，对高维数据进行降维，投影到直角坐标或者三维空间，结合差异化的配色和不同尺寸的几何图形进行动态展示。

3．高频交互可视化分析

　　根据智能电网大数据的层级特征，可建立多层次的可视化数据结构，通过人机交互，快速实现对数据的下钻、上卷、切片，进行不同粒度数据的多层级可视化展示。

4.2.6　数据安全与隐私保护

　　智能电网大数据应用涵盖发电、输电、供电、配电、用电和调度等全部业务领域，包括电网安全运行数据、电网调度数据、电力企业运营管理数据、各业务系统核心档案和用电行为等隐私数据。不同类型的业务数据在大数据架构的逻辑层面上高度集中，随之而来的数据安全与隐私问题日渐凸显，需要改进现有安全与保护模式，特别是扩展现有的安全技术，以满足大体积、多样化和速度快的大数据安全性与隐私性要求。

1．数据安全

认证与访问控制是大数据环境下行之有效的数据安全保障方法。智能电网大数据主要从安全认证、访问控制、完整性验证和物理隔离等方面实现数据安全与保护。

（1）安全认证。安全认证是指电力用户在使用分布式存储和计算等服务时，首先必须经过服务的安全认证，通过确认用户信息和口令，实现访问者合法身份的验证。同时，各级服务之间也需要相互的认证。服务需求者和提供者都需要接受默认的安全协议。

（2）访问控制。传统的访问控制协议，是一种粗粒度的访问控制，无法满足大数据环境下，多租户访问角色和多层级访问控制的需求，同时，日益复杂的安全法律和政策限制也对数据访问控制提出了新的要求，通过基于多租户和细粒度的访问控制解决上述问题。对于多租户访问控制，当前主要是通过组用户的方式来设置用户对HDFS、Hive的访问权限。

（3）完整性验证。完整性验证能够防止外界对平台上数据集的篡改和安全性攻击，又能够防止合法用户无意中对数据造成的破坏。在具体操作手段上，可采用完善的授权机制应对可能存在的采集源风险，并考虑通过设计识别Sybil攻击和ID欺骗攻击的算法降低被攻击的可能性。

（4）物理隔离。物理隔离是指利用安全网络对安全域边界、网络、主机等按照相应的等级防护要求进行统一的安全防护。在不同等级的安全域之间采用硬件防火墙等设备进行网络隔离，并采取入侵检测与防御策略，实现智能电网在应用和数据层面、集群节点层面和桌面终端层面的全面保护。

2．隐私保护

针对电力用户侧个人隐私暴露风险的不断累计和电网工况数据的集中存储可能导致的数据泄露等问题，一方面，完善静态数据加密、访问控制和授权机制，从访问控制方面进行管控，通过完善的访问日志记录，实现访问的事后审计和查询，进而进行数据使用追溯；另一方面，通过隐私法规和合同约束数据接收方重新识别匿名数据，同时采用合理的数据输出手段，降低数据接收方累积数据的可能性。

隐私保护技术主要包括基于数据失真的技术、基于数据加密的技术和基于限制发布的技术。

（1）基于数据失真的技术通过添加噪声等方法，使敏感数据失真但同时保持某些数据或数据属性不变，仍然可以保持某些统计方面的性质。第一种方法是随机化，即对原始数据加入随机噪声，然后发布扰动后的数据；第二种方法是阻塞与凝聚，阻塞是指不发布某些特定数据，凝聚是指原始数据记录分组存储统计信息；第三种方法是差分隐私保护。

（2）基于数据加密的技术是指采用加密技术在数据挖掘过程中隐藏敏感数据的方法，包括安全多方计算和分布式匿名化。前者是使两个或多个站点通过某种协议完成计算后，每一方都只知道自己的输入数据和所有数据计算后的最终结果；后者是保证站点数据隐私、收集足够的信息实现利用率尽量大的数据匿名。

（3）基于限制发布的技术是指有选择地发布原始数据、不发布或者发布精度较低的敏感数据，实现隐私保护。当前这类技术的研究集中于"数据匿名化"，保证对敏感数据及隐私的披露风险在可容忍范围内。

4.3 智能电网大数据关键技术对比

　　智能电网大数据以业务应用为发展导向，以技术整合为发展驱动。随着电力业务应用的进一步深化，智能电网大数据处理对技术的性能、种类、创新的要求越来越高。目前，智能电网大数据应用涉及数据采集、数据存储、数据处理、数据分析挖掘及数据可视化等，涵盖了开源技术、商用软件等多个领域，不同的技术之间存在交集，又各具特点，能够在适宜的应用场景下发挥强大的作用。智能电网大数据的业务实现是一个大数据技术的整合过程，针对特定的业务需求需要若干技术的协同工作来满足。表4-2梳理了智能电网大数据关键技术的基本信息、特点及适用场景等内容。

表 4-2　　　　　　　　　　智能电网大数据关键技术对比

技术类别	技术名称	技术介绍	技术特点	适用场景
数据采集	Flume	一种分布式、高可用、高可靠的海量日志采集、传输和聚合组件	主要用于数据采集，提供对数据采集的定制和简单处理，并按要求写入存储组件；易于管理，可伸缩性强	平台日志采集；流式数据采集
	Sqoop	数据库抽取工具	主要用于在 Hadoop（Hive、HBase）与传统的关系型数据库（如 MySQL、PostgreSQL 等）之间进行数据的传递	结构化关系型数据批量采集
	Kettle	可视化 ETL 工具	提供可视化 ETL 操作界面，用于配置 ETL 任务及相应数据处理规则	复杂的半结构化数据（如 txt 等）采集
数据存储	HDFS	一种高性能、高可靠、高可伸缩性的分布式文件系统，是 Hadoop 的底层文件系统	主要以文件的形式存储平台海量结构化、半结构化数据，是平台数据的重要基础逻辑载体	非结构化数据的高效存储

续表

技术类别	技术名称	技术介绍	技术特点	适用场景
数据存储	HBase	分布式的列式数据库	主要用于大规模结构化数据存储和检索,是智能电网海量数据集即时查询的重要组件。需要加大该组件在电力业务领域的探索力度,扩大平台数据处理的范围	高并发查询效率高、查询条件单一的海量明细档案或者结果数据的存储
	Hive	分布式数据仓库	支持 SQL92 的大部分标准,用户可以快速实现不同业务应用中大规模数据集分析功能;可以为平台 HBase、Spark 等提供数据源,实现高效的数据应用,并且可以利用类 SQL 的语句进行统计分析,降低学习和开发成本,在智能电网大数据体系的数据仓库管理中起着非常关键的作用	存储历史的、全量结构化数据
	Kafka	一种高吞吐量的分布式发布订阅消息系统	可以利用 Hadoop 的并行加载机制统一在线和离线数据处理,根据时间灵活制定数据消费策略,满足智能电网大数据不同时效的数据即时存储需求	流式数据的即时存储
	GBase 8a	一种商用的高性能、高可用的并行关系数据库系统	具有高效、超低延迟等优势,用于存储海量结构化数据并进行快速统计分析,其 SQL 语句完全符合 SQL92 标准	海量结构化数据的存储,并可以进行快速不同维度的统计分析
	MongoDB	一种基于分布式的文档数据库	兼备文档数据库和关系数据库的功能,且在不断丰富与完善;在智能电网大数据架构中可替代关系型数据库组件,解决关系数据库大量表关联难以使用和维护等问题,提供更高的性能	变电站文档数据存储;多表复杂关联查询的业务
	Neo4j	高性能的NoSQL图形数据库	将结构化数据存储在网络上而不是表中,可被看作是一个高性能的图引擎;具有事务支持、高可用性和高性能等一般数据库的基本特性,同时还可以进行大规模可扩展性和非常快的图形算法	电力数据分析结果图的存储;可视化显示图的存储

续表

技术类别	技术名称	技术介绍	技术特点	适用场景
数据存储	OpenTSDB	分布式时间序列数据库	使用 HBase 作为存储中心，无须采样便可完整地收集和存储上亿的数据点；支持秒级的数据监控；HBase 可以灵活支持 metrics 的增加，可以支持上万机器和上亿数据点的采集	基于时间维度的高速检索查询
	VoltDB	分布式内存数据库	使用 SQL 存取，是一个内存中的开源联机事务处理数据库，能够保证事务的完整性；大幅降低了服务器资源开销，单节点每秒数据处理远远高于其他数据库管理系统	实时数据分析；高吞吐的快速查询
数据处理	MapReduce	Google 提出的一种简单高效的计算思想，是 Hadoop 的底层计算引擎	适用于多种不同的应用领域，是智能电网大数据业务开展的重要计算组件。随着业务深化和分析挖掘复杂度的提升，未来将会被更高效的计算模型取代	海量数据离线计算；数据分析与挖掘算法
	Spark	一种类似于 Hadoop 的开源集群计算环境，是对 Hadoop 生态技术的扩展与增强	适用于任何 Hadoop 数据处理的领域，但基于其高成本的内存计算，目前仅在电力大数据平台海量数据查询中应用；需要随着 Spark MLlib 功能的不断强大，来加深其在数据分析和数据挖掘领域的应用	海量数据迭代计算；实时计算；图计算；机器学习
	Storm	一种分布式实时计算系统	适用于处理高速、大型、细粒度数据流，是最佳的流式计算框架，但其高实时数据采集会对系统性能造成较大的压力。因此，在亚秒级别的数据采集应用中，建议采用 Spark Streaming 来替代	实时数据计算
数据分析挖掘	R	一种开源的统计分析软件，提供了丰富的经典统计分析算法和绘图技术，具有非常丰富的程序包，实现了很多经典的、现代的统计算法	编程简单，有活跃的社区支持和丰富的算法包，且算法包很容易安装使用，可快速实现数据的统计分析；提供了方便的画图工具，易于实现分析中间过程和最终结果的可视化	数据量不是特别大时的数据实验及数据探索性分析和算法原型开发的场景，数据量较大时可考虑 SparkR 和 RHadoop 等分布式算法组件

续表

技术类别	技术名称	技术介绍	技术特点	适用场景
数据分析挖掘	Python	一种被广泛使用的高级、通用、解释性的动态编程语言，提供丰富的算法库	上手快速，活跃的社区提供了丰富的如 Pandas、Scikit.learn、Numpy、Scipy、Ipython 和 Matplotlib 等的数据科学算法库，可快速实现数据的分析、挖掘及可视化，同时提供最新的如深度学习的机器学习算法库	小数据量的数据清洗、数据探索分析和机器学习算法的快速实现
	MATLAB	一款在高校、科研院所等被广泛使用的，用于算法开发、数据可视化、数据分析以及数值计算的商业数学软件，提供演算纸式编程和交互式环境	编程简单，无须考虑底层实现，特别适合矩阵计算相关算法的研究和开发；同时，提供一个可视化仿真环境 Simulink	小数据量数据的算法研究和原型系统开发，软件本身提供一个轻量级的并行运算库
数据可视化	Yonghong BI	可在前端进行多维分析和报表展现的敏捷商业智能（BI）软件	通过拖拽图表模块操作，支持多种格式的数据源，可实现跨库跨源的数据连接；具有简单易用、多样化呈现、交互式体验、支持各类移动终端等特色	可视化报表快速制作及发布，无须进行二次开发
	Tableau	桌面系统中控制台灵活动态，界面友好、容易上手的商业智能（BI）工具软件	程序通过拖放将所有的数据展示到数字"画布"上，可快速创建各种图表，使用者不需要精通复杂的编程和统计原理，就可以完全实现自定义配置。擅长结构化数据的快速可视化，并构建交互界面（通过发布到 Server）	擅长结构化数据的快速可视化，不具备强大的统计分析功能，可构建交互界面，并通过服务器发布和共享数据源界面，支持多用户同时访问
	ECharts	基于 HTML5 Canvas，使用 JavaScript 进行开发的商业级数据图表库	可以流畅地运行在 PC 和移动设备上，兼容当前绝大部分浏览器，底层依赖轻量级的 Canvas 类库 ZRender，提供直观、生动、可交互、可高度个性化定制的数据可视化图表。自带去除奇异点、拖拽重计算、数据漫游功能	大规模数据展示，各类跨平台系统的图表展示；可帮助用户进行初步探索性数据分析

续表

技术类别	技术名称	技术介绍	技术特点	适用场景
数据可视化	D3.js	基于数据的文档操控 JavaScript 图形库	解决的问题核心是基于数据的高效文档操作使用 HTML 和 CSS 实现数据的可视化展示；可在无须捆绑任何专有框架的前提下，结合强大的可视化组件及其数据驱动的 DOM 操纵方法，充分利用现代浏览器的全部功能展示数据	操作敏捷，支持大数据集和动态交互，功能样式允许通过多样化的组件和插件进行代码重用，适合具有一定编程基础的用户使用

智能电网大数据
BIG DATA
5

智能电网大数据研究
方法与应用实践

智能电网大数据应用研究是一项系统性工程，涉及平台建设、数据收集与管理、数据汇聚与融合、分析挖掘等几个步骤和环节。这几个步骤既彼此独立，又相互关联，形成一个统一的整体，而每一个环节又涉及很多具体的细节，需要总体考虑。

5.1 平台建设

建设智能电网大数据平台是一个复杂迭代、灵活多变的过程，其间会面临各种难题，尤其是平台架构设计、多源异构数据采集与存储适配、多类型组件兼容适配及融合、平台统一权限管理、存储及采集组件标准化等方面。要解决这些难题，需要以业务需求为驱动、以技术探索为手段，逐层推进，分步实现。

智能电网大数据平台建设首先要综合分析业务需求，梳理业务应用对数据采集、数据存储、数据处理计算、分析挖掘及可视化展现的共性需求；其次要明确建设目标、设定建设原则及制定建设方案；最后进行平台开发、测试及部署。平台建设过程如图5-1所示。

5.1.1 需求分析

开展面向新能源、调度、高压、营销及继电保护等电网业务领域的需求调研，了解这些业务在数据类型及容量、数据存储方式和速度、数据采集频率及传输方式、数据计算模式及复杂度、分析挖掘算法、可视化形式等方面的需求；梳理汇总调研结果，分析并提炼出共性、可量化、可实施的大数据需求，为平台建设方案的制定提供依据。

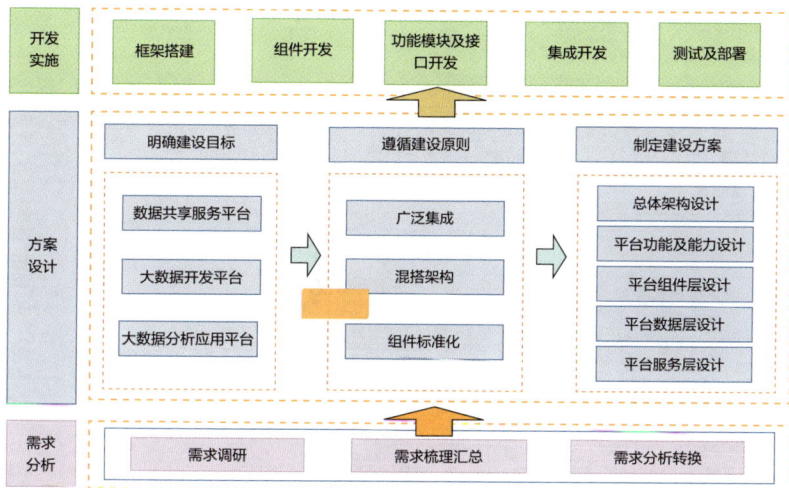

图5-1　平台建设过程

5.1.2　方案设计

以构建"大数据共享、大数据开发及大数据分析"三位一体平台为目标，遵循"广泛集成、混搭架构、组件标准化"的建设原则，制定详细的平台建设方案，涉及总体架构设计、平台功能及能力设计、平台组件层设计、平台数据层设计、平台服务层设计等五个方面。

1．总体架构设计

平台采用松耦合的混搭架构，以元数据驱动各模块进行数据采集、存储及计算，以满足海量多源异构数据的批量/实时采集、数据快速存储及查询、数据批量快速处理、实时在线处理等需求；采用分布式处理和流式处理等技术，实现数据的高效和流程化处理。平台总体架构如图5-2所示。

平台将传统数据仓库与新型数据处理融合在一起，以支撑不同类型的业务应用。数据驱动的工作流可以通过统一控制接口的方式将离线计算、流式计算、内存计算等不同计算引擎有效组织起来，对外提供分析挖掘服务、数据共享服务及数据交互服务。

业务应用：新能源　继电保护　高压　配电　营销　……

平台服务接口

分析挖掘服务：自助分析　算法包　函数库　……

数据共享服务：数据检索　数据市场　内容服务　……

数据交互服务：可视化展示　数据探索　可视化设计

数据驱动的工作流

传统数据仓库：数据集市　数据仓库　ODS　数据库存储

新型数据处理

大数据处理：统一计算控制接口　离线计算　流式计算　内存计算　在线计算　统一资源管理与调度

大数据存储：分布式文件存储　NoSQL存储　分布式队列存储

数据采集：数据库采集　数据流采集　文件采集

数据源

电网内部数据：用电采集数据　调度运行数据　状态监测数据　电网设备数据　……

外部数据：经济数据　互联网数据　地理数据　……

平台混搭框架

数据管控：元数据管理　数据质量管理　数据市场　数据分类管理　数据安全管理　数据隐私保护　数据公共模型　数据备份管理

平台管控：平台管理　平台监控　安全管理　配置管理　日志管理　权限管理　系统审计　系统灾备

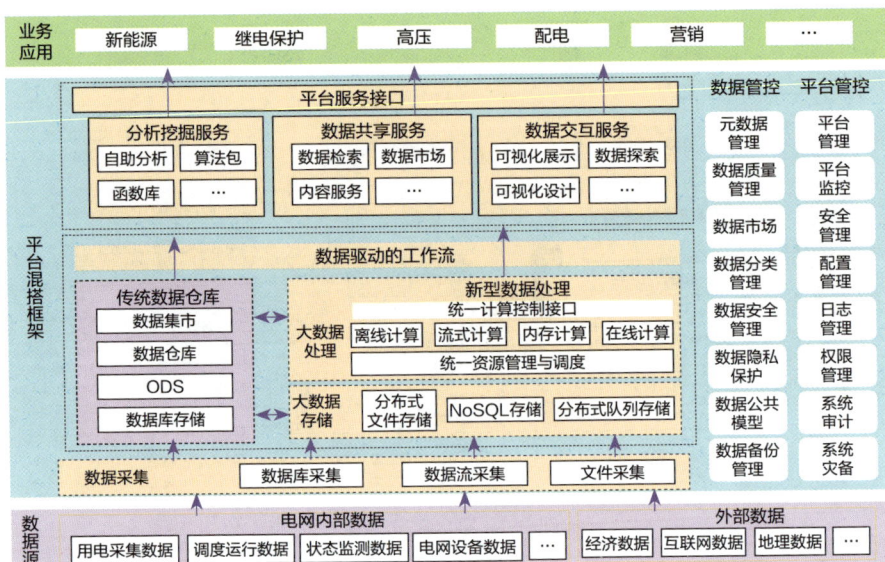

图5-2　平台总体架构

2．平台功能及能力设计

从平台各个子系统及模块之间的相互关系和相互作用中探求平台整体的功能和特性，寻求平台各层次功能的合理结构，找出平台在功能构成上的整体性、相关性和层次性等特征，使平台的功能组成及相互之间的关联达到最优。

在平台功能设计基础上打造平台核心能力，使得平台具备对离线与实时数据的采集能力，具备对各类数据（结构化、非结构化、半结构化）的存储、处理、计算（流式计算、离线计算、内存计算）、分析挖掘及可视化能力。

3．平台组件层设计

（1）组件选型。需要基于对各种类型技术的分析和实际测试，在均衡技术先进性、稳定性、兼容性、可扩展性及电力应用领域特性和对平台的整体架构进行考量的基础上，完成选型。

1）组件版本类型。每一类型都含有相应的特性和局限性，应根据特定应用领域选择相应的组件版本类型。如果是为了电网业务科研及锻炼自己的研发队伍需要，可以选择开源版；如果要应用到电网生产领域，对组件容错性、鲁棒性要求极高，则优先选择商用版或者发行版。

2）组件之间的兼容性。Hadoop生态系统中的组件兼容性测试及集成往往是最耗时、最难攻克的难题，也同时是最重要的单元，必要时需要对组件进行重新编译打包。

3）组件先进性及可扩展性。遵循平台广泛集成的建设原则，在组件选型时要充分考虑其先进性，同时也要兼顾组件的稳定性及其横向扩展性。

（2）组件融合。制定平台内集成各类组件的调度指令和数据通信规范，构建一体化、标准化的数据采集、存储、计算及分析挖掘等功能组件，实现组件之间的深度融合及统一调度。

4．平台数据层设计

为能够适配智能电网领域多源异构数据的采集和存储，平台集成不同类型的采集和存储组件，通过标准化接口协议进行融合。平台数据层架构设计如图5-3所示。

平台接入的数据可以分为实时数据、离线数据及非结构化数据（文件），针对不同数据类型应选择相应的ETL组件，包括Flume、Sqoop及Kettle。Flume采集实时数据到消息队列Kafka中，通过配置相应的持久化策略将数据同步到数据仓库中；业务系统的离线数据通过Sqoop抽取到数据仓库的同步库中，根据统一数据模型、数据规则映射模型持久化到统一库中，再根据不同的主题建立不同的数据域，对外提供数据访问服务。

在线应用区包括NoSQL数据库、关系数据库、MPP数据库及内存

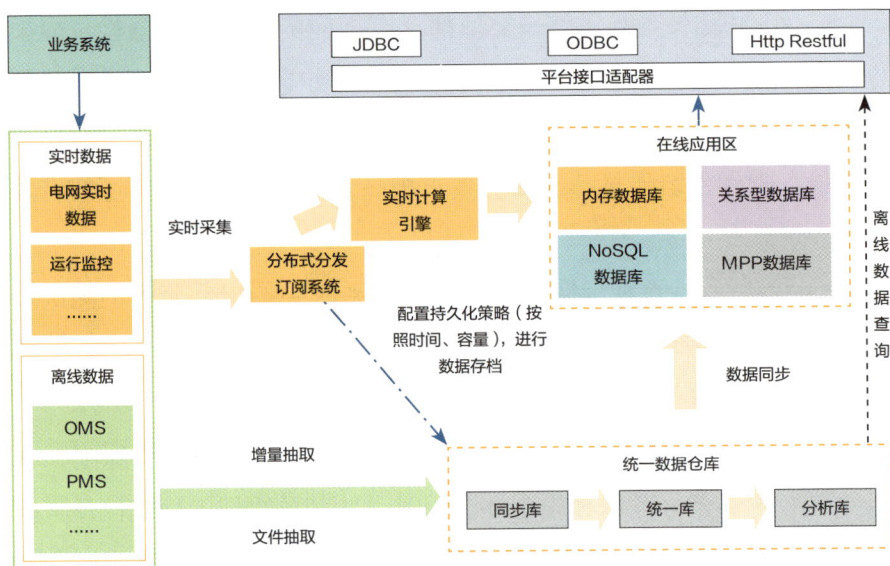

图5-3　平台数据层架构设计

数据库。这些数据库根据应用的需求存储相应的数据，通过接口适配器提供查询服务。

5.平台服务层设计

针对数据采集、数据存储、数据计算、数据分析挖掘、数据可视化展示、工作流等服务，平台提供丰富协议、标准化的对外服务接口封装，以满足开发人员、分析人员等不同用户使用需求。

目前接口方式以Http RESTful、Java SDK、Web Service为主，主要包括分析模型调用接口、数据存储访问接口、任务调用接口等。

5.1.3　开发实施

平台分为多个子系统，包括安装部署子系统、数据采集子系统、存储与计算子系统、管理子系统、接口服务子系统、工作流子系统、分析挖掘子系统及可视化子系统，这些子系统之间通过JDBC/ODBC、Http RESTful标准接口及iFrame框架进行数据集成和页面集成。

基于用户界面（User Interface，UI）设计规范开发平台的人机界面，利用J2EE开发框架进行平台后台的开发，通过集中式认证服务（Central Authentication Service，CAS）框架实现平台统一认证、权限管理；对平台进行功能、性能及安全测试，测试通过之后通过专用网络进行集群式部署。

5.1.4 应用实践

1．注重平台架构设计及组件选型

综合分析智能电网领域多源数据采集、存储及计算的特性需求，从架构设计上可采用混搭架构，以兼顾传统数据库模式，避免出现业务应用短时间无法兼容的问题；组件选型上，要结合业务应用的需求选择相应的组件，同时兼顾可扩展、高可用等基本原则，组件类型通常有开源版、发行版及商用版，其特点对比如表5-1所示。

表 5-1　　　　　　　　　组件类型对比

类型	开源版	发行版	商用版
特点	免费，使用者众多，网上问题解决方案多；持续更新，会提供必要的更新服务；技术门槛高	免费，相对稳定；技术更新频度低	收费，最稳定；技术更新频度低

2．实现平台统一认证和统一权限管理

平台集成了多个子系统或外围组件，它们有的具备权限管理功

能，有的没有权限控制的概念，有的权限管理颗粒度差异很大，因此在进行平台统一认证和权限管理设计的时候，要以业务应用对权限管理的要求为依据，实现功能权限和数据权限统一管理。功能权限的颗粒度可以到按钮级，数据权限的颗粒度到表级。

3．实现组件标准化

在平台搭建过程中，要充分考虑组件标准化。大数据技术组件的更新特别频繁，要屏蔽各组件因版本变更对业务应用的影响，就要实现组件标准化，确保针对不同电力业务场景，"插件式"组件可以嵌入平台上。

4．优化集群硬件资源配置

（1）优化操作系统。选择Ext4文件系统对磁盘进行格式化，避免使用逻辑卷进行磁盘管理。需要关闭Swap分区，以减少数据在内存与交换分区之间交换传输的次数，降低对JVM性能的影响，保证集群的整体性能。

（2）优化磁盘。计算节点的磁盘配置过程中，选择使用noatime选项挂载磁盘，并使用两块SAS盘做独立冗余磁盘阵列（Redundant Array of Independent Disks，RAID），用于安装操作系统，避免出现因一块磁盘损坏而宕机的情况。另外使用多块SATA盘不做RAID，直接挂载到不同目录下，在hdfs-site.xml配置文件中通过dfs.data.dir参数配置这些数据目录，提升集群磁盘读写性能。

（3）优化网络。计算节点之间有数据的传输与频繁指令交互，因此计算节点之间应采用万兆网络交换机进行连接，提高其计算效率。

5.2 数据收集与管理

5.2.1 需求分析

数据是开展智能电网大数据应用的基础。随着智能电网大数据应用的深入开展，需要存储和管理的数据规模迅速增加，这些数据既包括智能电网发电、输电、变电、配电、用电和调度等各环节的数据，还包括开展大数据应用所需要的智能电网外部辅助数据，如气象、地理信息、交通、人口等数据。这些数据来源多样、数据量大、数据类型复杂，如何清晰掌握数据情况，管理原始数据、加工过程数据与成熟数据，以及如何实现数据共享，是智能电网大数据管理的一个基础性问题。为解决以上问题，需要将数据作为一种资产进行管理，一方面建立一套数据资产管理规范，用制度来规范数据资产管理；另一方面建设数据资产管理系统，用软件进行数据资产全生命周期管理。

5.2.2 管理规范

数据资产管理规范包括数据描述规范和数据流程管理规范两部分。

数据描述规范是建立数据分类、数据编码、元数据等规范。数据分类规范是按照业务领域将数据分为电网运行、用户服务、经营管理、电力外部数据等大类，并对大类进行二级分类。基于数据分类，参照BOM编码规范，设计智能电网大数据的编码规范，对所有数据设置唯一标识，用于追溯数据属性信息。元数据规范是基于对数据属性的描述，通过分析电力及相关数据资源特征及共享服务机制，构建数据资产元数据模型，建立数据的描述规范，实现对结构化数据（数据库、报表、文件、接口、视图等）和非结构化数据的统一管理和存储描述。以元模型为驱动，形成数据管理、运维、应用的一体化管理。

数据流程管理规范是对数据加工过程、数据接入、数据共享等进行规范，形成数据加工规范、数据入库规范、数据出库规范、数据安全管理规范等，实现对原始数据、过程数据、成熟数据和数据共享的管理。

5.2.3　管理系统

数据资产管理系统具有数据多维属性描述功能，并可实现对数据资产的全生命周期管理和各类人员权限分配及数据管理操作。系统依据数据资产管理规范进行设计，利用云计算或大数据平台存储数据资产，方便大数据应用开发和数据共享。系统建设包括需求分析、软件设计、软件开发、软件实施等过程。

建设数据资产管理系统，可将数据作为资产进行管理，方便地展现数据资产全景图，同时实现数据全生命周期管理等功能，为开展大数据分析提供数据资产和共享服务。

5.2.4　应用实践

1．数据分类和编码规范是数据管理的基础

智能电网大数据涉及数据来源多、类型复杂，涉及业务也相互交叉，需要确定分类标准，按大类对数据进行划分，再对数据进行细分，基于数据分类进行数据编码，构建数据唯一标识。

2．数据流程管理是数据管理的核心

从数据采集、数据加工、数据入库、数据共享等流程出发，确定相应人员职责及操作规程，从规范和系统两方面确保数据质量和数据安全。面对数据来源多样、数据类型复杂、数据量巨大的智能电网大数据，建设数据资产管理系统是非常有必要的。随着智能电网大数据的发展，数据资产管理系统管理的数据规模将会越来越庞大、数据种

类也会迅速增多，数据资产管理系统作为数据共享的载体将会为各种
智能电网大数据应用提供数据服务。

5.3　数据汇聚与融合

5.3.1　方案与流程

数据融合工作的思想愿景是，在不改变现有系统软件架构的前提
下，打破多个系统之间的割裂封闭状态，形成统一数据模型，整合多
系统数据，并在原有平台资源动态支撑的基础上，完成高级应用分析
功能。针对这一愿景，本书形成了基于统一数据模型的智能电网大数
据应用层级架构方案，如图5-4所示。

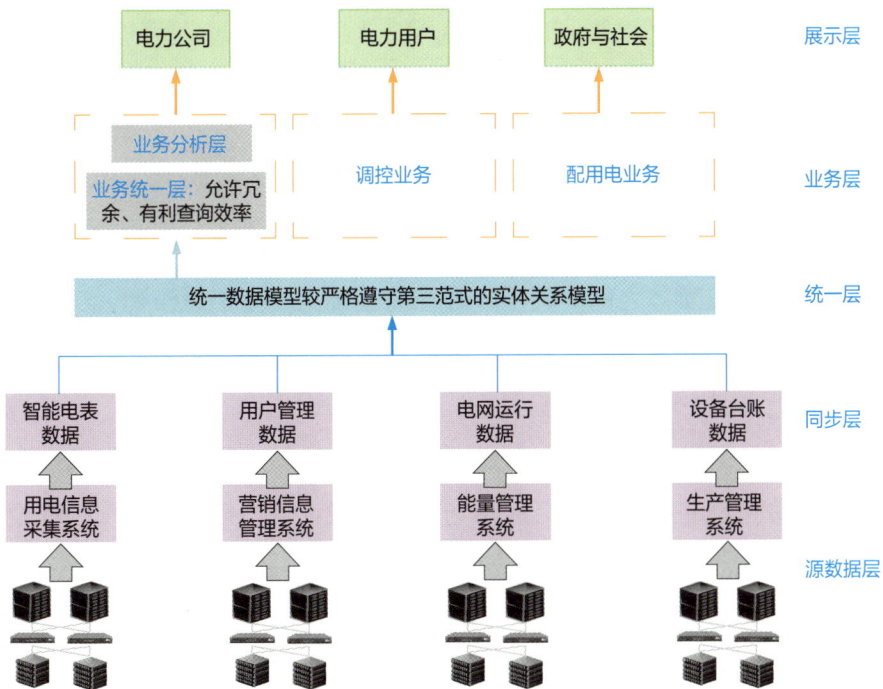

图5-4　基于统一数据模型的智能电网大数据应用层级架构方案

　　基于统一数据模型的智能电网大数据应用层级架构包含源数据层、同步层、统一层、业务层及展示层，其中业务层又分为业务统一层和业务分析层，层与层之间的数据"清洗""转移""融合"通过ETL实现。源数据层即分布在不同软硬件系统上的电网数据；同步层用于复制源系统数据，类似于数据的备份与恢复区；数据从同步层进入统一层需要进行重新组织，统一层为统一数据模型的物理实现，按照多个业务的公共需求来抽象化实体，形成较严格遵循第三范式（Third Normal Form，3NF）的传统关系型数据库，主要用于存储所有最低粒度的事实数据、业务数据、主数据、参照数据和维度数据；业务层面向各个应用，对统一层数据进行重新组织，这一层不再强调数据的第三范式与降低冗余度，而是以减少联合查询与增加效率为主要目的；而业务分析层则直接面向分析与展示，库表设计上更具有定制化特性。

　　在这个过程中，主要工作包括两部分：统一数据模型的逻辑设计与物理实现以及ETL。

1. 统一数据模型的逻辑设计与物理实现

　　统一数据模型的理论基础来自于本体论，即将现实世界中的事物抽象为实体及实体之间的关系，并在此基础上建立信息模型，实现数据含义的表达、共享与重现，将数据中蕴含的语义转化为信息，并进一步进行统计分析与数据挖掘，从而形成知识。

　　统一数据模型设计由应用需求驱动，其建立过程应该是自顶而下的，建模过程包括确定业务应用与需求、设计逻辑模型、实现物理模型三个步骤。

　　（1）确定业务应用与需求。首先确定业务应用及其对统一数据模型提出的需求，这些需求包括功能性及性能性两方面，前者即数据的内容与范围需求，后者即数据分析查询效率需求。

功能性需求表现在下一步的逻辑模型设计过程中，而性能性需求表现在物理模型实现过程中。参考国际电工委员会公共信息模型（Common Information Model，CIM），根据功能性需求梳理结果，采用完全继承CIM类、扩充CIM类中的属性、新建类三种方法描述对象及其数据。性能性需求通常包括基于传统SQL或者联机分析处理（Online Analytical Processing，OLAP）数据立方体的关键绩效指标（Key Performance Indicator，KPI）高查询效率需求与基于机器学习算法的高分析挖掘效率需求。

（2）设计逻辑模型与实现物理模型。逻辑模型是本体论思想在建立信息模型中的具体体现。业务人员在确定所需实体及实体关系时，需要注意提供尽可能大的灵活性以便未来的不断拓展。而物理模型则是逻辑模型的具体实现，应在不影响性能的前提下，参照第三范式准则，尽可能避免数据冗余和与业务流程的不一致性，促进数据的重复使用和共享，从而减少开发维护周期和降低成本。

（3）模型设计过程示例。图5-5为用电质量分析应用的统一数据模型设计过程。首先明确应用及需求，即用电质量分析中所需的统计性KPI指标，包括定位前N个用电质量问题最严重的电网区域、统

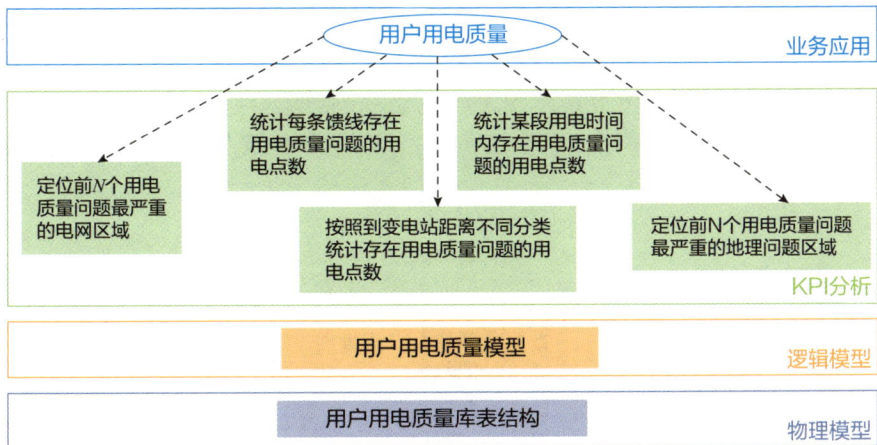

图5-5 用电质量分析应用的统一数据模型设计过程

计每条馈线存在用电质量问题的用电点总数、统计某段用电时间内存在用电质量问题的用电点数、定位前N个用电质量问题最严重的地理区域、根据变电站距离统计存在用电质量问题的用电点数等。在此基础上建立用电质量的逻辑模型与物理模型，相关的实体与表包括事故记录、停电点、用电点、馈线位置、负荷、电压控制区域等。

2．ETL

层与层之间需要ETL"转移"和"融合"数据，主要包括数据源层到同步层再到统一层的内ETL，以及统一层到分析层的外ETL。前者主要工作是转移数据并进行重新组织，对数据值并不做太多修改；后者的数据往往存储为派生表或集成表，其中数据是通过对统一层原始数据进行再次查询、计算后填充的，更偏重数据的变化。

（1）内ETL将数据源层数据"转移"至同步层，再从同步层"融合"至统一层。其中同步层ETL功能是数据"清洗"并将原始数据复制到同步层；统一层ETL功能是以最低冗余度重新组织数据，并生成基础表、查找表与参照表。内ETL同时负有数据质量检查的责任，但在同步层与统一层的侧重点各有不同，清洗校验规则种类如表5-2所示。

表 5-2　　　　　　　　智能电网大数据清洗校验规则种类

架构层级	规则类型	具体描述	目的
同步层	数据不完备	描述信息缺失； 运行数据缺失	载入数据中心之前的异常数据识别与错误数据剔除
	数据不正确	坏数据； 数据突变 / 噪声 / 连续性错误，超过阈值或违反业务逻辑； 畸变数据； 偏离阈值统计范围	

续表

架构层级	规则类型	具体描述	目的
统一层	数据格式不正确	数据格式不正确导致显示错误、计算错误或查询低效	原始数据在ETL过程产生的数据质量问题识别与修正
	数据之间的自洽	数据表的索引、主外键设计与管理，数据之间的逻辑关系	
	ETL前后数据不完备、不正确	数据溯源对比；数据缺失、错误	
	数据生成规则错误	统一标识等新数据错误	
	数据不一致	相互关联的数据在逻辑上不一致，关联错误	
	数据时效不正确	量测数据时间戳或时间拉链信息缺失、错误	

（2）外ETL将统一层数据"转移"或"融合"至业务层。如果直接基于统一层低冗余度、多层级存储的数据进行分析，往往需要多表关联查询，效率非常低。面对海量大数据，需要根据业务需求，重新组织统一层数据结构，针对一些实体信息进行多表融合。

5.3.2 应用实践

1．确定统一数据模型逻辑设计的原则与方向

统一数据模型的逻辑设计应由应用驱动，漫无目的的逻辑模型设计尝试，将导致模型不够紧凑，且后期可能增加设计修改的迭代次数。

2．数据仓库的设计要有层次，避免陷入第三范式的陷阱

数据仓库的设计要用不同的层次来满足不同的数据需求，不同层级、不同表的属性最好通过在表名中增加适当前缀的方法来体现。统一层与分析层的建立并不需要完全参照第三范式，尤其是对于分析层，往往需要牺牲一定的冗余度来提高其分析效率，降低联合查询次数。

3．充分考虑产品选型，避免出现跟风现象

面对目前市场上大量的商用产品与开源软件，如何选择性能合适、易拓展维护的存储工具和ETL工具，如何配置这些软件的接口封装是非常值得认真思考的问题。如果随意地选择了一些家族产品或者市场上的常用软件，很可能在项目物理化实现阶段出现不能完全满足性能或者难以更新维护的问题，导致项目成果是一次性工程，不可持续发展升级，最终重新选型软件，增大工作负担。

在数据仓库选择方面，建议在同步层使用Hive，其存储成本低，而同步层对延迟时间并不敏感；而统一层则建议使用HBase，因为统一层往往需要面对不同版本、不同地域分区分块存储；分析层数据需要保证计算速度，往往需求在分钟甚至秒级，可以考虑使用一些商用软件。

在ETL工具选择方面，如果规则非常简单，数据源单一，可以考虑使用Sqoop这样的简单命令行工具；如果规则较为简单，融合步骤在2~3步以内，可以考虑使用类似Kettle、Informatica这样的可视化工具；如果规则复杂，数据源众多，为了后期的拓展与维护，建议使用类似Java、XML、HiveQL等语言描述或编程工具实现。

4．保证源数据质量是关键，避免完全依赖内ETL进行数据清洗

如果将清洗工作全部放在内ETL环节完成，往往需要不断更改内ETL的规则库，降低整个智能电网大数据系统的开发效率与工作效率，占用过多资源，而且技术也往往无法完全满足需求，造成统计结果与分析结果出错。目前造成源数据质量差的原因，既有软硬件方面的问题，也有管理方面的问题，使用技术手段掩盖管理上的问题与差错，是非常不可取的。

5．数据融合工作需要跨专业人才队伍与成熟的项目管理经验支持

统一数据模型的逻辑设计需要业务人员来梳理需求，并适当考虑电力生产人员的工作场景与习惯；物理实现需要信息技术人员与业务人员沟通，选择合适的库表结构来提供高效存储方案；而ETL更需要业务人员、一线生产人员与信息技术人员的无缝合作，建立完备的清洗规则库，转换融合规则为程序文本。此外，数据融合工作通常还需要咨询外部数据专家。因此，一支跨专业的人才队伍与成熟的项目管理经验在数据融合工作中必不可少。

5.4　分析挖掘

5.4.1　方案与流程

智能电网大数据分析方案包括六个主要步骤：业务理解、分析方法、数据准备、数据建模、模型评估和实施反馈，如图5-6所示。

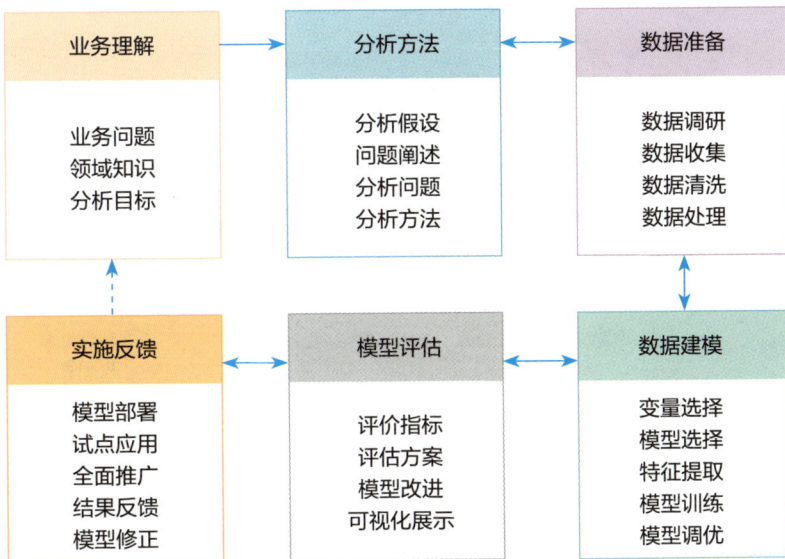

图5-6　智能电网大数据分析方案

　　采用智能电网大数据关键技术，将分析方案分解为具体步骤，即构建起智能电网大数据分析技术架构，如图5-7所示。

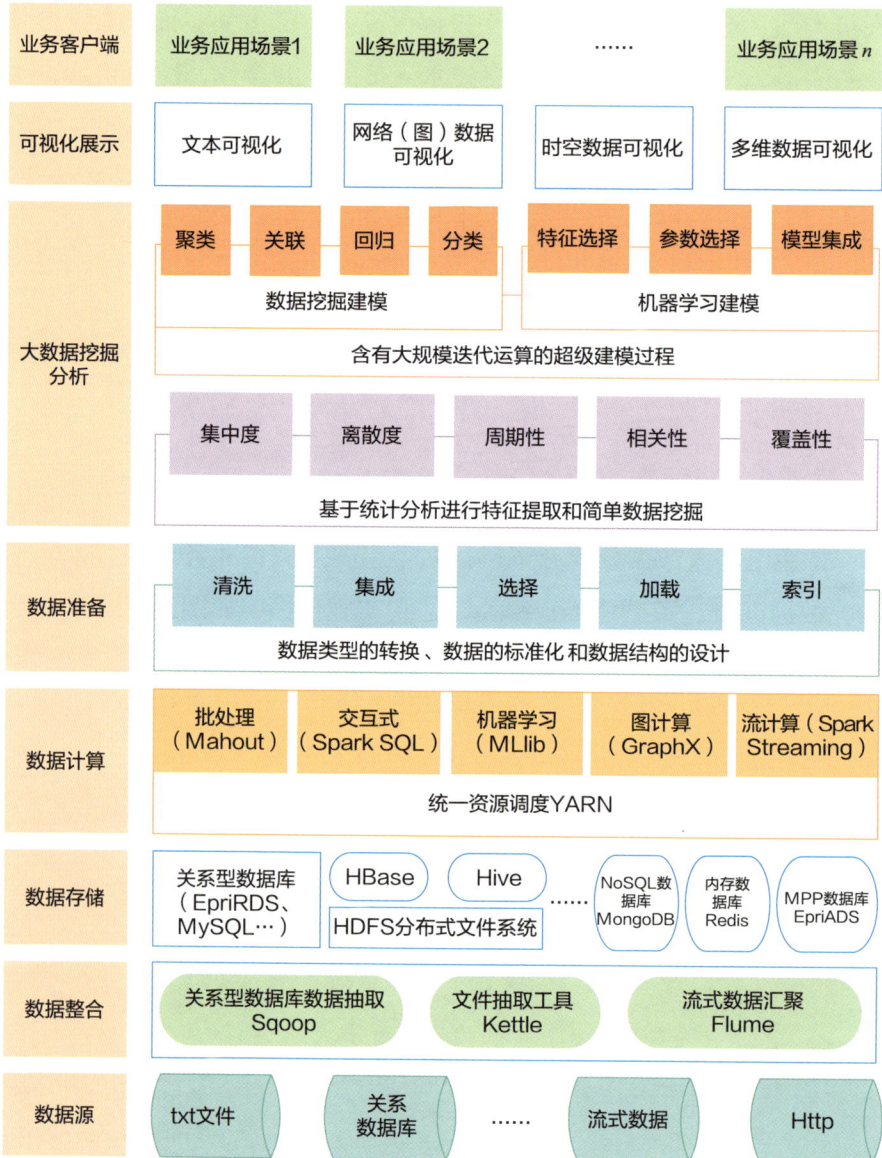

图5-7　智能电网大数据分析技术架构

1．业务理解

智能电网大数据分析项目开始于业务需求分析。数据科学团队成员要学习并理解业务领域的相关知识，与业务人员和关键利益相关方进行多次分析讨论共同制定业务需求，形成业务问题；与项目发起人共同确定项目的分析目标，即最终要实施的应用场景，并编制相应的功能设计方案；同时，还需评估可用于项目实施的人员、技术、时间和数据。

2．分析方法

此步的重点在于把业务问题转化为分析问题，并形成初始的分析假设，初步确定需要使用的分析挖掘方法，以便根据分析目标进行数据的聚类、分类、回归或者关系发现。

3．数据准备

根据业务需求分析结果，对潜在的数据源进行调研，并根据业务规则对可获得的数据进行理解。结合分析目标，分析数据需求和可能用到的电力系统内外部数据。根据数据源特征选择对应的采集工具进行数据抽取、转换及加载，对于Excel、txt文件型数据通过Kettle工具将数据采集到HDFS、Hive等大数据存储介质中；对于流式数据（例如报文数据、日志数据）通过Flume工具进行采集；对于Oracle、PostgreSQL、MySQL等关系型数据库则通过Sqoop进行数据抽取；还要采用R语言、SQL、Excel和Pandas等工具统计探查数据质量。由于设备异常、传输干扰或人为因素等造成智能电网大数据的数据质量参差不齐，存在大量的空值、异常值和错误值等情况，因而数据预处理成为智能电网大数据分析挖掘的决定性工作。数据准备是需要结合业务规则和数据分布情况对数据进行清洗；基于统一数据模型对数据进行集成和融合；根据设定的分析挖掘方法，对清洗过的数据进行规约、变换、离散化等预处理，以提高分析算法的性能。

4．数据建模

此步骤是智能电网大数据分析的关键。根据分析假设和数据情况，对初步确定的分析方法进行模型训练、参数调优和算法验证。通过数据探索和变量选择，进行描述性统计分析和探索性建模分析以理解变量间的关系。利用R、Matlab等传统分析挖掘工具对少量抽样数据进行统计分析并构建模型。基于分析假设、分析目标和数据探索情况，选择一种或一类具体的分析方法，针对大规模全量数据进行分析挖掘时，采用Mahout、RHadoop、MLlib等新型分析挖掘工具中的分布式算法，进行模型训练。在分析挖掘过程中，很多机器学习算法需要进行并行化改造和实现，这目前在学术界和工业界仍是一个挑战。在模型训练过程中，需根据分析方法的结果对模型参数进行调优。

5．模型评估

此步骤是在实际数据（非训练时采用的数据）上对分析方法进行验证，根据验证结果迭代优化分析挖掘模型。结合项目分析目标和设计的业务场景，对数据维度或属性进行筛选，根据目的和用户群选用相应的展现方式。可视化设计与展示的技术手段通常有两种：一是利用成熟的可视化工具，通过简单拖、拉、拽的方式即可完成报表创建及发布。这些工具将底层的实现细节封装起来，用户可以快速创建自己的可视化图形，如Tableau、YonghongBI。二是根据个性需求自行编写，利用Java、JavaScript、Flash技术开发或者调用ECharts、D3、Highcharts、Leaflet等第三方可视化工具API开发。可根据面向对象的不同，设计不同的可视化展示形式，最终目的是阐述项目的发现和成果。

6．实施反馈

将分析流程和分析方法等固化为大数据平台的分析场景应用模块，提供标准IO接口与业务系统进行互联。根据分析项目需求，采取先试点应用再全面推广的实施策略。在实施过程中收集反馈信息，并根据结果反馈情况确定是否需要进行模型修正。

5.4.2 用例分析

随着智能电网的发展，电网公司用电信息采集系统、电力营销系统和客户服务信息系统等积累了各行各业海量用电信息。全面综合地分析利用各类用电信息数据和与用电行为相关的各种自然、社会因素等相关数据，可发现认知用户用电模式，挖掘影响用户用电行为模式的各个关联因素，深入理解用户的用电行为模式。本节以基于智能电网大数据的用户用电行为分析为例，说明智能电网大数据分析挖掘的一般流程和每个流程中用到的关键分析挖掘算法，总体设计如图5-8所示。

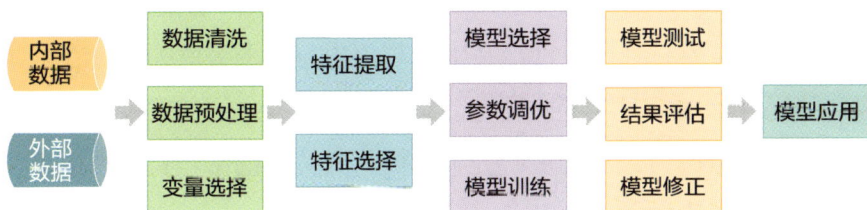

图5-8 用户用电行为分析总体设计

1. 数据准备

从内外部数据源抽取用电信息采集数据、客户服务数据、地理信息数据、人口和气象数据等用户侧大数据，并基于统一数据模型对这些海量、多源、异构的数据进行聚集和融通。通过数据清洗、预处理和变量选择等技术对原始数据进行处理，得到可用的数据集。数据清洗和预处理需要结合业务领域知识、统计和概率、机器学习等数据分析挖掘背景知识，其工作量通常占到整个分析项目的50%以上。

（1）数据清洗包括：无效数据剔除、重复数据剔除、空值检测和填补以及异常值检测等。

（2）数据预处理包括：数据规范化、数据变换、数据归一化等。

（3）变量选择包括：变量排序、相关分析、典型相关分析、互信息、Lasso回归方法等。

2．特征提取和选择

针对电力数据与其他各类数据所蕴含的不同数据特征，研究其提取和选择技术，为后面的模型建立提供基础。特征提取是影响分析结果的关键所在，除需要业务领域知识外，还需要深厚的统计和机器学习建模背景知识。然而，随着数据的多样性和复杂性不断增加，特征提取和选择需要投入的人力和时间将越来越长，因此可以从大量杂乱数据中自动提取特征的无监督特征学习方法，将扮演越来越重要的角色。

影响用电行为的因素众多，需要从时间、空间、用户类型等多个维度，分析自然、社会各种潜在因素与用电行为的关联关系。在准确提取特征的基础上，深度挖掘特征集与用电行为之间的关联强度，针对特定的用电行为，从众多特征中选择与其关联的影响特征，以建立更加精细化的模型。

（1）特征提取包括：基于电力负荷的数据特征提取、基于时序的数据特征提取、基于用电模型的数据特征提取等。

（2）特征选择方法包括：嵌入式方法、过滤式方法、封装式方法等。

（3）降维算法包括：主成分分析（Principal Component Analysis，PCA）、核主成分分析（Kernel Principal Component Analysis，KPCA）、独立成分分析（Independent Component Analysis，ICA）、偏最小二乘（Partial Least Squares，PLS）、自编码器等。

（4）无监督特征学习包括深度神经网络等。

3．模型建立

基于提取出的电力负荷、电量、电费台账、缴费信息、客户信息、电网网架结构、电价政策、天气参数等相关数据的特征，建立多层次、多粒度、多刻面的用电行为模型，从不同分类视角（如行业、规模等）、不同时空粒度综合、全面地描述用户用电行为。利用各类数据特征，从用电行为上将相似的用户进行聚类，并对每类用户的行为模式进行识别与分析，提取模式特征，支持用电行为模式的深入理解。模型建立后，还需将大量的参数和超参数进行自动、半自动或人工调整优化以进一步提高模型的性能。

由于数据量大且复杂及信息物理系统紧密耦合等特性，对于智能电网大数据下的分析挖掘问题，传统小数据上的机器学习算法很多已经不再适用，并行和分布式的大数据机器学习算法成为当前的研究重点。

（1）传统聚类算法包括：层次聚类算法、基于质心的聚类算法（如K均值算法、模糊C均值算法）、基于分布的聚类算法、基于密度的聚类算法、自组织映射（Self Organizing Map，SOM）算法等。

（2）大数据聚类算法包括：分布式K均值聚类算法、并行式K均值算法等。

4．模型测试与评估

构建用电行为分析模型后，需在新的实际数据上进行测试与评估。其中，评估指标的选择可结合业务规则和领域知识构建，或选择可以有效衡量模型性能的统计指标，以确保模型达到分析目标。而后，根据模型测试和评估的结果确定是否对模型进行修正。

5．模型应用

选择合适的可视化技术和载体，将分析模型产生的结果和分析过程中的发现进行展示和发布，并结合具体的分析场景进行应用。例如，理解各类因素与用电行为模式关联关系，可面向政府、居民和工商业用户提供定制分析服务类应用，如面向政府提供经济发展趋势预测、区域居民房屋空置率分析、电价和补贴政策的决策支持；面向电力用户开展精准营销辅助决策、用户信用评估、需求响应方案制定、能效提升方案制定。通过深入的用户用电行为分析，掌握用户用电规律，对于需求侧管理、负荷预测、窃电分析等电网运行管理有重要意义，同时能够根据用户用电需求提高电力服务水平，特别是通过深入分析各类别、各行业用电信息，对于政府掌握经济运行情况和制定相关政策具有重要的价值。

智能电网大数据
BIG DATA

6

智能电网大数据
应用案例

本章选取了不同业务领域的智能电网大数据应用案例，这些案例侧重的技术环节各有不同。其中台区重过载预测、大用户日用电负荷预测、调控设备事故关联分析、大电网快速判稳四个案例侧重于大数据的分析挖掘；继电保护设备家族可靠性分析案例侧重于大数据的标准化建模；新能源数据快速提取与实时可视化案例侧重于大数据的可视化实现。另外，本章详细阐述了近来刚刚引入智能电网大数据的一种数学分析方法——随机矩阵[16]的数学原理及其在电力系统稳定分析中的应用方法。

6.1　基于关联因素分析的台区重过载预测

6.1.1　业务需求与应用目标

1．业务需求

配电变压器台区作为面向低压用户的最末一级供电单位，台区内供电设备的运行状态直接影响台区供电质量。设备的重过载运行是引起故障停电的主要原因之一，而重过载现象中通常也伴随着三相不平衡、电压偏移等其他问题，严重影响用户安全可靠用电。同时，设备长时间处于重过载状态会加快元件的非正常损耗，降低设备使用寿命，给电网带来故障隐患和运行风险。因此对于台区重过载的治理一直是配网运维检修工作的重要内容。

目前，对于配电变压器台区的重过载治理通常集中在事中监控和事后处理两个阶段，即通过对配电变压器运行情况的实时监测发现已经重过载的台区，运维人员接到告警后再采取相应的措施进行处理，或安排技改大修计划。这种方式存在三方面问题：一是重过载与用户用电行为紧密相关但成因难以把握，在台区层面对于在运设备的重过载治理措施较少；二是较长的处理周期不能及时消除短期内的重过载现象，导致设备会在一段时期内都面临较高的运行风险；三是目前业务系统中对于重过载的告警信息相对简单，运维人员无法系统地掌握现场情况并做出评估，也限制了对重过载事件的治理效果。

2．应用目标

面向重过载管理工作中的业务空白，开展重过载事前预测，对于消除故障隐患、指导设备升级改造都具有重要作用。结合台区的历史运行数据、台区用户数据以及自然和社会环境数据，选择并提取台区重过载特征，分析探索导致台区重过载的关键因素，建立台区重过载预测模型，提前发现重过载台区，帮助形成事前预警、事前预防、事中处理和事后分析的闭环管理，提高重过载管理水平。

6.1.2　研究方法与应用成果

根据上述业务理解，确定研究方法和实施路径如下：首先，基于重过载事件的发生时段、持续时间、重过载程度等特征，通过聚类分析对重过载事件进行分类，针对不同的重过载类型分别进行下一步分析；其次，采用关联分析方法建立与台区重过载相关的事件项，通过关联规则分析重过载现象的成因；最后，基于上述分析结果，针对性地选择历史数据样本，采用机器学习技术训练重过载预测模型，并通过数据样本的更新提升模型性能。

1．重过载分类

重过载分类的目的在于根据重过载台区的用户负载曲线，对重过载台区进行聚类。对于聚类算法的选择，取决于数据的类型和聚类的目的。由于对重过载形态聚类数目有一定的要求，且重过载形态可表达为一系列具有坐标点的集合，因此选择K均值算法。

为保证聚类效果，需在原始数据基础上进行特征选择。负荷数据采集间隔为小时级，因此台区的年负荷曲线包含8760（365×24）个点。以天为单位，对年负荷曲线进行分割，在每日的24点负荷数据中提取当日最高负载率、最低负载率、平均负载率和负载率标准差共4个数值，每个台区最终形成维度为365×4的特征向量。

聚类结果如图6-1所示。图中曲线代表了各类型下的台区负载曲线

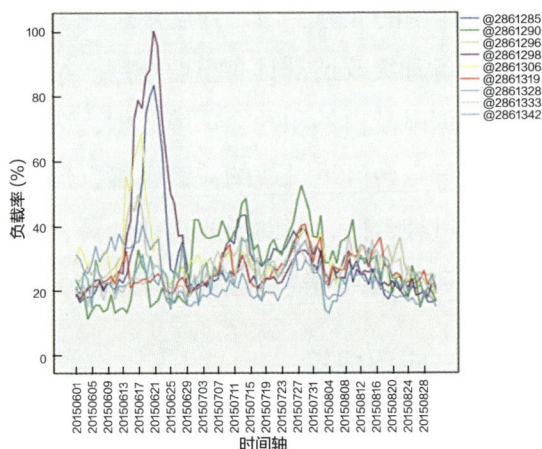

（a）重过载类型Ⅰ

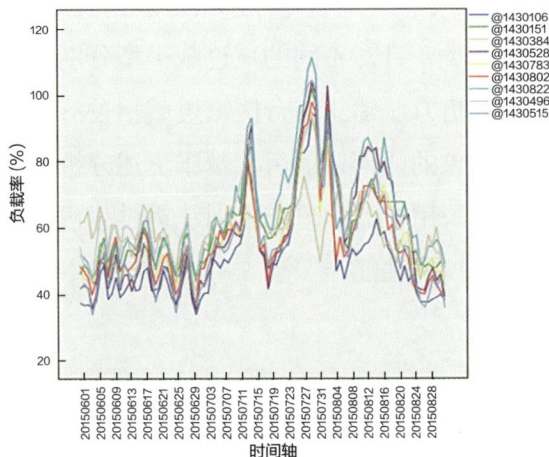

（b）重过载类型Ⅱ

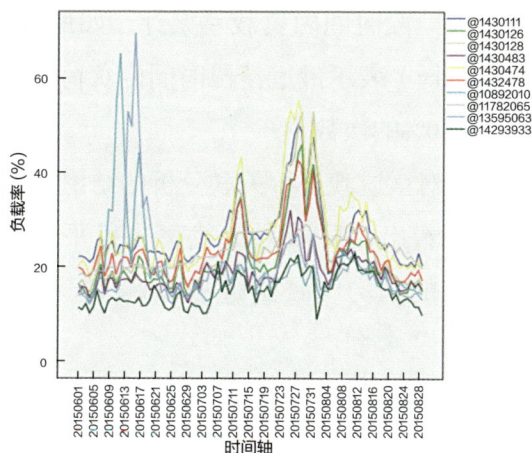

（c）重过载类型Ⅲ

图6-1 重过载类型聚类结果

样本集合，可以看出属于不同重过载类型的台区在负荷曲线的形态上存在明显差异。

2．关联分析

根据特征类型的不同，主要从以下几个方面选择重过载关联特征。

（1）静态特征，主要来自设备台账、用户档案数据，用于分析不同额定容量、不同类型台区、不同用户构成比例下的重过载台区分布规律。

（2）时序特征，用于分析重要节假日期间重过载台区随时间的变化趋势以及对各类气象指标变化的敏感程度，属于长期规律。

（3）衍生特征，对基础数据通过不同方式进行统计汇总，构造新的特征变量，分析这些特征与台区重过载的相关性，属于短期规律。

另外，在历史负荷的特征设计上，采用RFM模型对特征进行了精选。在RFM模式中，R（Recency）表示台区最近一次发生负荷异常的时间间隔，如最近一次台区负载率超过80%的间隔天数；F

（Frequency）表示近一段时间内负载率累计，如最近5天日最大负载率合计；M（Monetary）表示最近一段时间内负荷异常次数，如最近5天出现负载率超过80%的次数。

基于以上特征，对重过载进行关联分析的结论如图6-2所示。

从图6-2（a）中看出，日最大负载率与日平均气温呈正U形分布，U形的谷底对应的平均气温在14～20℃，气温对负荷的影响应呈现"二次正向分布"特征。

从图6-2（b）中看出，近5日负载率超过70%的次数这一特征变量对于台区重过载的区分较为明显，在［20，45］和［45，+∞）两个区间内分别有40%和80%的台区有重过载情况发生。

图6-2（c）从重过载程度和持续时间两个维度进行分析。重过载事件大部分为短时突发性过载，持续时间通常在1～4小时，负载率在140%～160%。

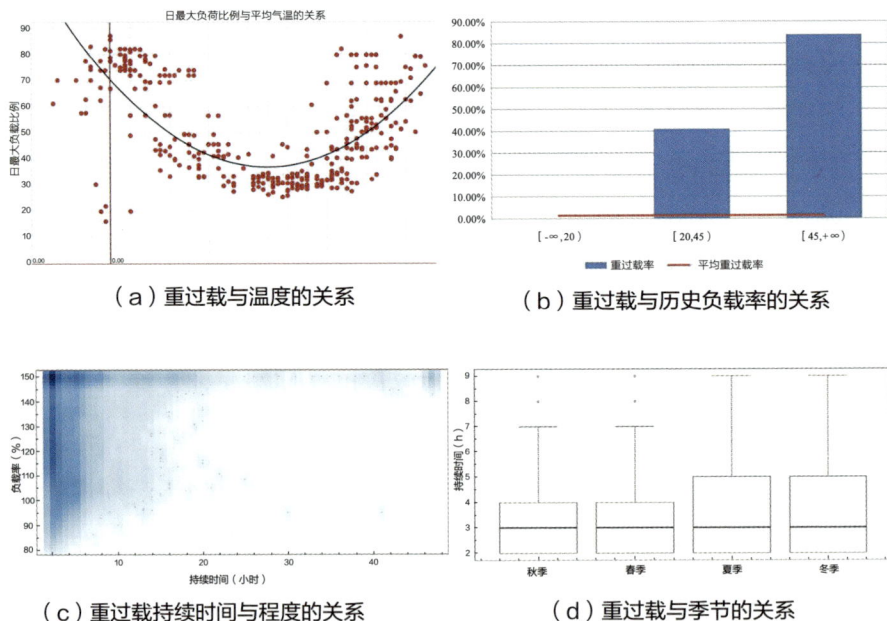

（a）重过载与温度的关系

（b）重过载与历史负载率的关系

（c）重过载持续时间与程度的关系

（d）重过载与季节的关系

图6-2　重过载关联分析结果

图6-2（d）表示各个季度下的重过载持续时间分布。冬夏两季重过载现象在平均水平和持续时间方面都明显高于其他季度，同时冬季存在大量持续时间在8小时以上的严重过载事件。

3．模型训练与验证

按照特征定义，从原始数据中提取每一条重过载事件的特征向量，形成重过载事件样本集，其中训练集占90%，测试集占10%。

预测模型采用多元逻辑回归模型，选择柯尔莫哥洛夫—斯米尔诺夫准则（Kol mogorov-Smirnov，K-S）确定模型参数。从测试集中选择2015年1月1日和2016年春节假期期间（连续7天）的重过载样本，对模型效果进行模型验证，结果如图6-3所示。

从预测结果可见，预测模型的准确率（预测准确数量/预测重过载数量）和命中率（预测准确数量/实际重过载数量）分别在60%和80%以上。另外，模型预测的重过载配电变压器数量总体要大于实际重过载的配电变压器数量。这是因为在模型参数确定的前提下为保证

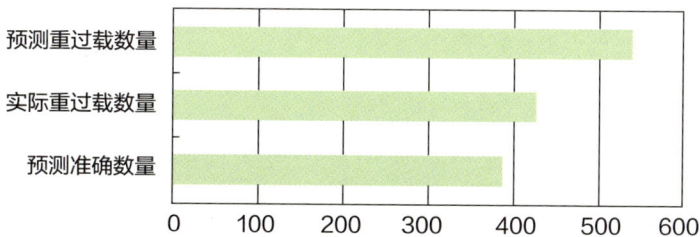

（a）对2015年1月1日重过载情况进行预测的模型结果与实际结果对比

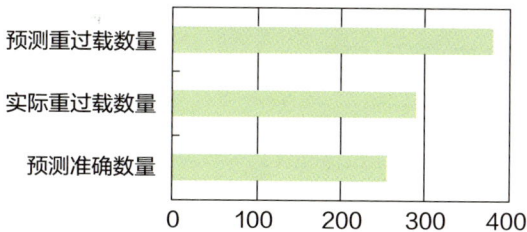

（b）对2016春节期间重过载情况进行预测的模型结果与实际结果对比

图6-3　重过载预测模型效果

模型命中率而增加了预测数量，但负面效果则是会一定程度上牺牲模型准确率。因此在实际应用中需要业务人员对指标做出取舍。

6.2 大用户日用电负荷预测

6.2.1 业务需求与应用目标

1．业务需求

供电企业在迎峰度夏期间，往往面临局部地区负荷过高的情况，需要对重点大用户负荷进行预测。由于用电负荷变化受天气状况、节假日属性、社会活动等因素的影响较大，影响机制属于非线性关系，不同程度地表现出各种类型的波动聚集性、尖峰厚尾性、序列相关性、异方差效应和结构突变等特征，常规方法难以取得较高精度。此外，目前所有预测方法都需要建立在一定的训练样本基础上，由于难以保证训练样本具有足够的代表性和平稳性等特征，训练样本的数量和质量将严重影响预测结果。

2．应用目标

基于某地区某行业重点大用户历史负荷数据、地区历史负荷数据、气象数据和日期类型，分析负荷随季节、星期、节假日、气象信息变化的敏感度，对该地区某行业大用户群进行日负荷预测。

6.2.2 研究方法与应用成果

通过细分用户行为，分析用电负荷的外部影响因素敏感度，找出某地区重点大用户用电负荷变化规律，进一步进行负荷预测。具体分析过程如图6-4所示。

图6-4　大用户日用电负荷预测训练样本选取及分析过程

1．日负荷特征曲线聚类分析

基于在外部影响因素类似的情况下，每个用户自身往往会表现出较为相似的行为反应这一原则，针对某行业各大用户历史数据，结合对大用户用电特征的基本定义，筛选出符合条件的用户19户。对96点历史日用电负荷数据归一化后进行聚类分析，结果如图6-5所示。

由此可见，即使同一类用户，在不同日期内的用电模式也存在多样化形式，每日用电峰谷差的关键时间拐点并不一样，例如前4类虽然在每日15点钟左右具有相同的上升模式，但是在早上5点左右的上升时刻完全不同。

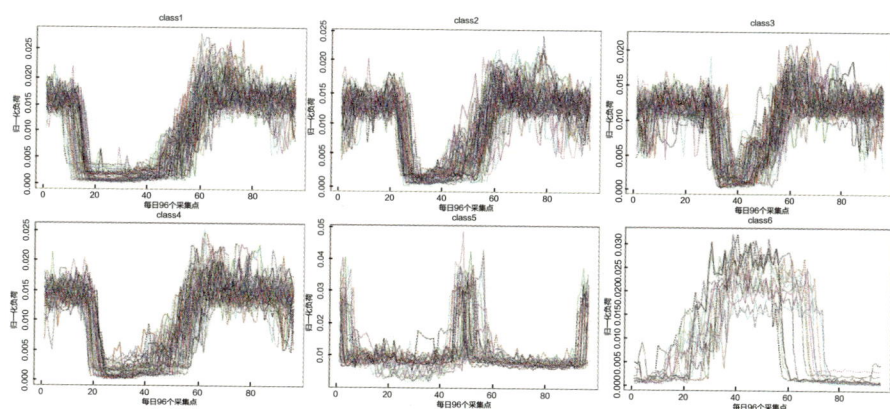

图6-5　某行业大用户96点历史日用电负荷模式

89

2．外部影响因子选取

首先，将某类用户日负荷总量作为目标变量，分别与星期、节假日、天气、季节、气象（每日最高气温、最低气温、每日平均气温、每日平均湿度）五因素进行关联分析。在计算过程中，对连续性数据依据密度分布情况进行等密度离散化处理。结果如图6-6所示，该类用户没有表现出较强的季节敏感性，仅对气温和节假日以及部分天气类型表现出较强的敏感性。

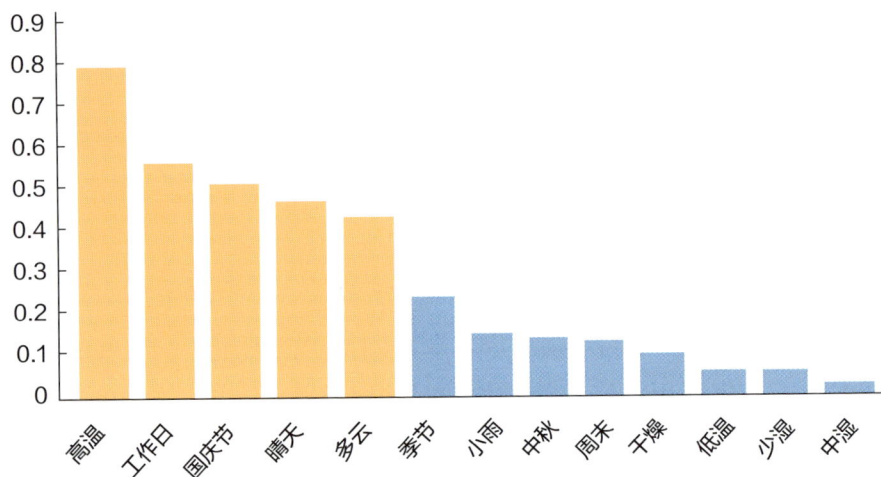

图6-6　某用户的日用电负荷总量与影响因子支持度

3．训练样本选取

为保证训练样本的代表性和平稳性，在预测目标日外部环境条件近似的历史数据、预测目标日近期的历史数据、预测目标日往年同期的历史数据中选取符合条件的典型样本，保证其行为反应具有较高的可预测性，避免了大量无效样本数据参与计算，也避免了奇异值和混杂噪声的影响，进而保证了预测稳定性。

4．预测方法

由于电力负荷预测属于典型的非线性问题，难以用简单的数学模型来描述，因此对于不同的短期影响、长期记忆效应和外部影响因素之间的非线性关系，采用可变权的神经网络综合预测模型研究其不确定性。神经网络具有很强的非线性拟合能力，可以映射出任意复杂的非线性关系，学习规则简单，便于计算实现。在通用的神经网络算法中，RBF神经网络具有相对较高的训练速度，收敛性也相对较好，能够避免误差反向传播过程中的烦琐计算，更适用于新数据。

利用梯度下降算法调整神经网络的权值、中心点和方差，进而计算出隐含层神经元的活跃度，判断其是否大于一定的激活阈值。如果没有被激活，则断开神经元之间的联系，接着搜索距离最近的神经元，进而调整其他神经元与输出层之间的权重、中心和方差，直到期望误差范围被满足后停止计算。最终预测目标日负荷结果如图6-7所示（负荷值已进行归一化处理），多数点值的预测精度相对较为理想。

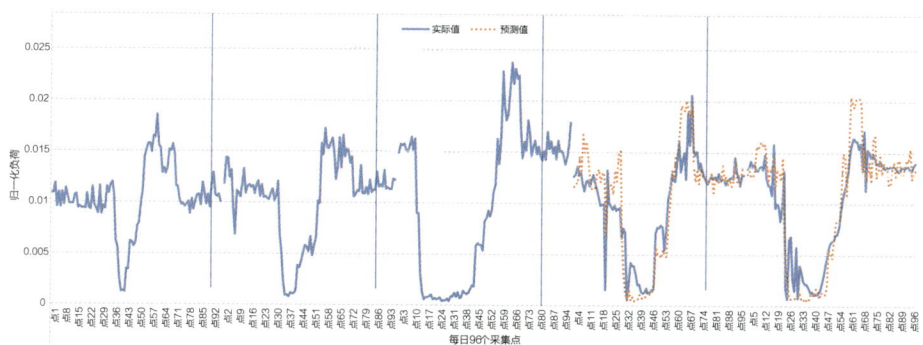

图6-7　目标日负荷预测值与实际值对比

6.3　基于频繁项集的电网调控系统设备事故关联分析

6.3.1　业务需求与应用目标

1．业务需求

电网设备如果发生突发性停电，会造成巨大的经济损失和不良的社会影响。在电网调度控制系统中针对电网设备进行监控分析与故障诊断，及时发现存在的不良状况，进行相应的检修和运行维护，可以大大降低其突发性事故发生概率，对整个电网系统的安全稳定运行具有十分重要的意义。

2．应用目标

通过对电网调控系统设备事故信息的分析挖掘，找到不同设备间的事故关联关系，并通过分析设备的影响范围、影响程度等定位其他可能会发生事故的设备，建立运维预防决策机制。

6.3.2　研究方法与应用成果

基于设备事故发生的时段、区域、事故类型等相关因素，分析事故的多伴生因素关联关系、各因素对事故的影响权重、事故类型的原因占比等。基于上述结果进行设备事故关联分析，包括区域事故关联分析、设备类型事故关联分析、事故类型关联分析、单一设备事故关联分析、厂站事故关联分析，以及设备、厂站和区域混合关联分析和跨厂站、天气、月份、设备类型事故关联分析等。

1．研究方法

（1）设备事故关联特征选取。基于事故设备对象、事故发生时间、事故结束时间、事故发生类型、事故原因类型、线路跳闸情况、线路重合情况等数据，通过选取设备事故关联特征，形成设备事故发生的频繁项集和设备事故的关联实例。根据数据类型的不同，从以下几个方面选择关联特征：

1）设备特征，主要来自设备台账、设备事故数据，用于分析不同设备类型、不同事故类型、不同用户构成比例下的重过载台区分布规律。

2）时序特征，用于分析设备事故时段、重要天气、节假日随时间变化的原因占比、关联趋势规律。

3）伴生特征，用于分析设备发生事故的伴生因素，包括设备发生事故与设备类别、天气、原因类型等因素的关联关系。

（2）设备事故关联关系评估。基于上述设备事故发生频繁项集和设备事故关联实例，除了使用关联分析中常见的三个指标支持度、置信度、提升度来评估关联程度，还可以定义新的衍生综合指标。例如对支持度、置信度和提升度分别进行Z标准化（或0-1标准化），对标准化后的值自定义合适的计算方式生成衍生综合指标。

2．线路事故关联关系分析成果

按照上述方法评估设备事故关联关系，本节选取线路事故最具有代表性的4个分析成果进行展示。

（1）事故多伴生因素关联分析。分析结果（部分）如表6-1所示。属于不同伴生因素的原因类型（前项）与事故类型（后项）关联程度不同，由分析结果可推断出，事故类型中的线路事故与原因类型中的雷击具有强相关性。

表6-1　　　　　　　　事故多伴生因素关联分析结果示例

后项	前项	支持度（%）	置信度（%）
线路事故	原因类型＝雷击	57.16	90.25
线路事故	现场天气＝雷	41.18	87.70
线路事故	现场天气＝雷 and 原因类型＝雷击	37.86	90.66
线路事故	现场天气＝晴	34.55	40.43
线路事故	现场天气＝雨	32.16	66.57
线路事故	原因类型＝外力破坏及异物	20.12	85.29
线路事故	现场天气＝雨 and 原因类型＝雷击	15.25	88.05
线路事故	现场天气＝风	13.38	78.22
线路事故	现场天气＝阴	11.35	42.78

后项	前项	支持度（%）	置信度（%）
线路事故	原因类型＝台风	10.03	86.21
线路事故	现场天气＝多云	8.92	32.83
线路事故	原因类型＝台风 and 现场天气＝风	8.82	88.77
线路事故	原因类型＝外力破坏及异物 and 现场天气＝晴	7.69	87.46
线路事故	原因类型＝设备原因	5.78	31.30
线路事故	原因类型＝火烧山	4.67	92.91
线路事故	原因类型＝原因不明	3.94	71.77

（2）事故现场天气、原因类型关联分析。分析结果如图6-8所示，图中线条越宽、越集中的点代表关联程度越深。因此可推断出，雷击是线路事故的强关联因素。

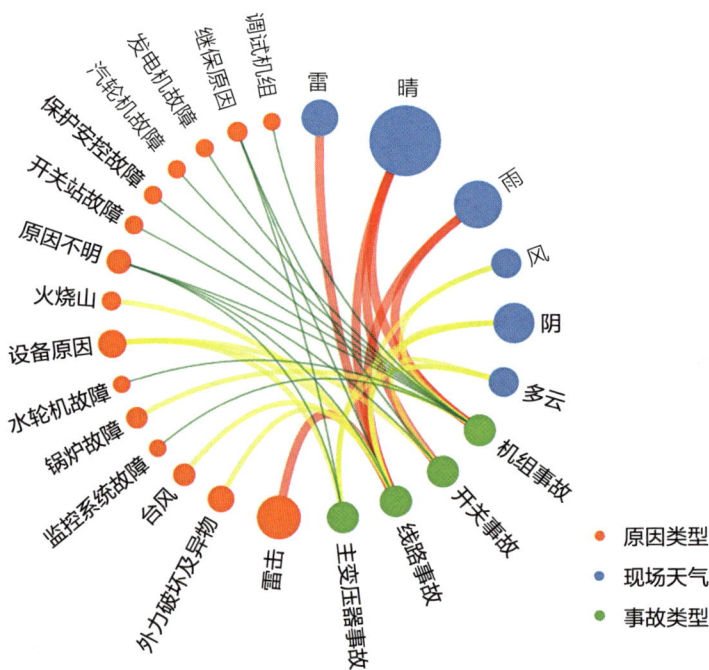

图6-8 事故现场天气、原因类型关联分析结果

94

（3）事故类型的原因占比分析。分析结果如图6-9所示，图中通过各个节点表示不同原因类型对事故发生的影响程度，可看出台风、外力破坏及异物、火烧山、雷击等是发生线路事故的主要成因。

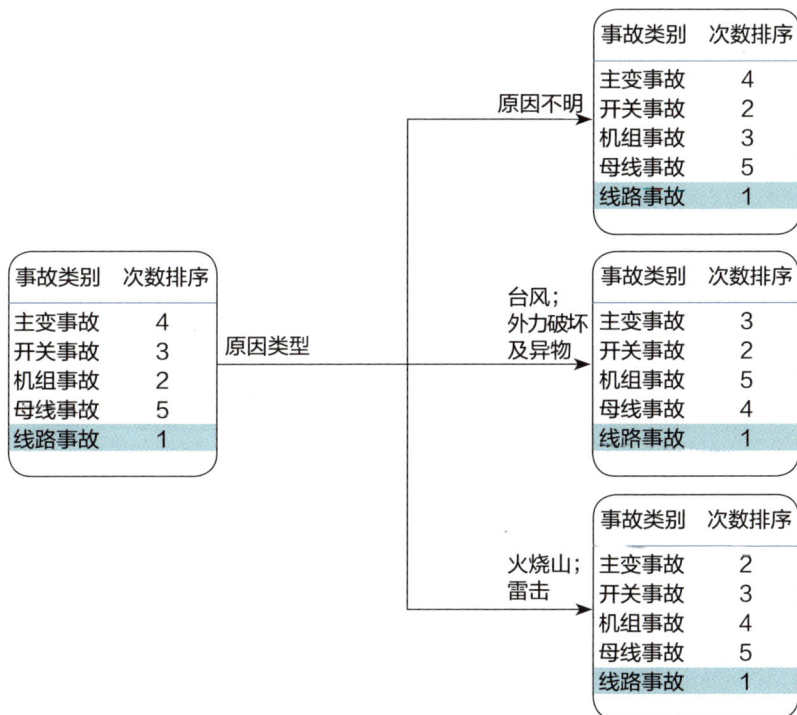

事故类别	次数排序
主变事故	4
开关事故	2
机组事故	3
母线事故	5
线路事故	1

原因不明

事故类别	次数排序
主变事故	4
开关事故	3
机组事故	2
母线事故	5
线路事故	1

原因类型

台风；外力破坏及异物

事故类别	次数排序
主变事故	3
开关事故	2
机组事故	5
母线事故	4
线路事故	1

火烧山；雷击

事故类别	次数排序
主变事故	2
开关事故	3
机组事故	4
母线事故	5
线路事故	1

图6-9 事故类型的原因占比分析结果

（4）事故类型关联分析。分析结果（部分）如表6-2所示，可看出线路事故与机组事故同时发生的概率很大，发生母线事故后将很可能导致发生线路事故。

综合来看，以上事故发生地的线路事故强相关因素包括原因类型中的雷击、火烧山、台风、外力破坏及异物，且往往与机组事故、母线事故等共同形成级联事故反应。

表6-2 事故类型关联分析结果示例

后项	前项	支持度（%）	置信度（%）
线路事故	机组事故	50.14	24.93
线路事故	开关事故	9.59	20.83
线路事故	主变压器事故	8.02	27.64
线路事故	主变压器事故 and 机组事故	1.74	38.36
线路事故	母线事故	1.40	56.82
线路事故	开关事故 and 机组事故	1.40	22.73
线路事故	母线事故 and 机组事故	0.52	90.91
线路事故	N–2 及以上多重事故	0.45	45.45
线路事故	母线事故 and 主变压器事故	0.17	90.91

6.4 基于失稳故障辨识的大电网快速判稳

6.4.1 业务需求与应用目标

1．业务需求

目前，电力系统的在线动态安全评估（Dynamic Security Assessment，DSA）均基于预想事故集，通过在线仿真计算评估预想故障的影响。由于大量故障的仿真计算需要较多的资源和时间，因此DSA对于预想故障的考虑有限，主要是系统的N–1故障，即一次发生一个故障并失去该元件，且故障元件的切除时间按照主保护动作时间考虑。电网实际运行中发生的故障可能较为复杂，诸如出现后备保护动作（也就是在N–1故障时，元件的切除时间变长）、N–2故障（同时切除两个故障元件）等情况。由于这些可扩展的故障数量较多，简单增加DSA故障集将导致仿真计算工作量的急剧增大，在现有条件下不可能在有限时间内得到所有结果，无法用于电网在线运行。

2．应用目标

根据DSA的历史数据采取数据分析方法，快速筛选待增补的故障补充入DSA的故障集，即在每次进行在线仿真计算之前，通过基于数据分析的电网快速稳定性判断，从大量待选故障中找出可能导致失稳的故障，将其增补到DSA在线计算的故障集中。这样可以有效增强DSA系统的实用性，进一步提升电网的安全稳定控制水平。

6.4.2 研究方法与应用成果

根据业务需求及应用目标要求，面向500kV线路N–1后备保护动作情况，研究基于DSA历史数据的特征提取、样本选择和快速判稳方法。

（1）基于静态物理量的特征提取。采用静态物理量作为构建样本特征量的基础，主要包括电力系统潮流计算得到的母线电压幅值、母线电压相角、发电机有功、发电机无功、发电机功率因数、负荷有功、负荷无功、负荷功率因数、交流线路有功、交流线路无功、直流线路有功、直流线路无功、并联电容器投入容量、并联电抗器投入容量，以及短路计算得到的故障电流、故障点电压幅值、故障点电压相角、戴维南等值阻抗等。

为了压缩样本的长度、浓缩信息，基于静态物理量进一步采用统计量构建了特征量。采用的统计量主要包括最大值、最小值、平均值、均值的标准差、偏度、峰度、中位数、中位数标准差、四分之一分位数、四分之三分位数、中位绝对离差、四分位差、10%截尾均值，以及10%截尾均值标准差。

在初始获得的1126个特征量的基础上，采用随机森林算法计算各特征量的重要性排序，最终确定采用了1190个特征量。

（2）基于SVM的扩展边界方法。对于实际电网的500kV线路，当发生N–1后备保护动作时，计算表明失稳故障仅占所有故障的4%。

在此种情况下，无论采用何种机器学习算法都极易对"稳定"的故障产生过拟合。为此研发了基于SVM的扩展边界方法，对样本集进行处理。该方法的基本步骤是：①取一个样本集，采用高正则化系数（也称为惩罚系数）的SVM进行分类计算并将得到的支持向量中的稳定样本标记为失稳样本；②在剩余的稳定样本中选择与失稳样本个数相同且距离SVM分类面最近的稳定样本作为保留的稳定样本；③抛弃剩余的稳定样本。经过该方法处理，新的样本集中失稳与稳定的样本个数相等，总量较初始样本集平均可减少约80%，能够有效解决稳定样本的过拟合问题。

（3）基于时间窗的样本集选择。电力系统在线计算每15min进行一次，数据不断产生，年积累量可达PB级别。考虑到电网的运行特性在很大的时间跨度内可能发生较为明显的变化。因此，与DSA相结合的快速判稳取判定日前一段时间的在线历史数据即可，可以基于历史数据测试确定使用日前多少天的历史数据。

（4）基于SVM的快速判稳方法。采用SVM实现了对系统稳定性的最终判定，核函数采用高斯核函数，参数采用网格方法进行优化。使用某35000节点实际电网数据进行测试，共判定了130861个故障，其中实际失稳故障有5653个，漏判146个，对于失稳故障的覆盖率达到97.42%。相对于不加选择地扫描所有故障，这样可以压缩83.67%的无效计算。

大电网运行具有一定的周期性，因此加入一种简单方法以提高算法的判稳效果，步骤如下：①记录5个样本日内所有的失稳故障；②在判定日的每个断面重复计算所有被记录的故障。该方法是最简单的动态故障集生成策略，其优势在于不受样本质量和偏差的影响，劣势在于不能反映系统变化的本质，对于新出现的失稳故障缺乏判断力。其优缺点恰好与SVM方法互补。测试表明，采用该方法后漏判的失稳故障仅有38个，对于失稳故障的覆盖率达到99.4%，可以压缩79.13%的无效计算。考虑到500kV输电线路后备保护动作并且导致系统失稳的概率已经较低，该改进措施已经可以满足对失稳故障覆盖的要求。

上述算法的SVM判稳模型训练时间小于30min，单日判稳总时间小于2min，单断面判稳时间小于1.5s，在时间上可以满足DSA计算的要求。

对某日测试样本的判定结果如图6-10所示，判定计算结果大于0的点表示对应的故障失稳，小于0的点表示对应的故障稳定。可以看出判定结果的数值有一定的起伏和聚集特性，对于稳定的故障尤其明显。

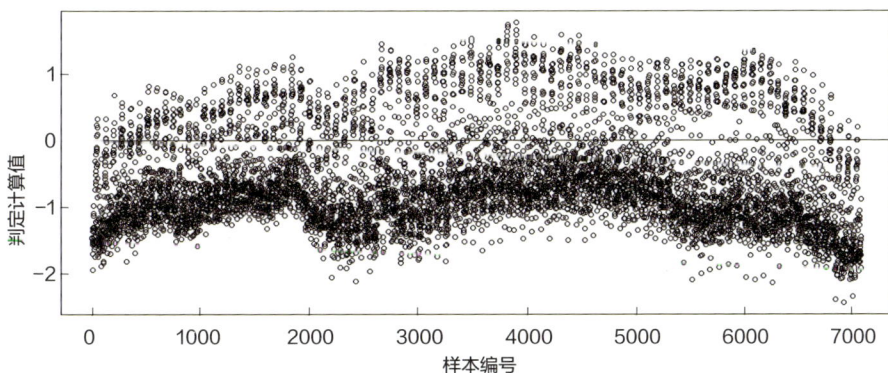

图6-10 某日测试样本判定结果

6.5 基于大数据的继电保护设备家族可靠性分析

6.5.1 业务理解与挖掘目标

1．业务需求

特高压交直流混联大电网快速建设和发展，新能源和电力电子元件大量接入电网，使电网运行特性发生了重大变化，电网继电保护面临新的发展和挑战。保护设备保持良好的运行状态，软硬件正确无误，是保障电网安全稳定运行的第一道防线。由于历史原因导致保护设备型号、版本不一，即使同一制造厂家的同一型号保护设备也存在众多的软件版本，其配置、功能逻辑各不相同，一些家族性缺陷如不能及时准确识别和处理，将可能给设备和电网安全运行带来风险，亟需建立继电保护设备家族型号模型，将为保护设备状态识别奠定重要基础。

2．应用目标

建立保护设备描述标准数据模型，融合保护设备描述变量信息、保护设备运行描述变量信息，对保护设备基本信息进行建模与拓展。对保护设备型号样本进行归一化处理后，通过聚类分析算法，建立起保护设备家族型号模型，并应用继电保护可靠性评估方法，对保护设备家族型号进行可靠性分析，为电网安全稳定运行提供支撑。

6.5.2 分析方法与应用成果

通过抽取与融合电网调度管理系统（Operation Management System，OMS）、继电保护统计分析系统与生产管理系统（Power Production Management System，PMS）系统内继电保护设备相关数据，设计并建立保护设备描述标准数据模型。通过采集电网保护设备运行缺陷、动作数据，提出影响该类设备健康状态和动作的变量，并运用聚类分析方法建立保护设备家族模型。将同一家族型号的保护设备运行缺陷进行归类，分析得出同一家族型号保护设备的可靠性，进而为全网每一台保护设备运行状态的判别提供可靠性依据，识别出保护设备运行可靠性的薄弱环节，对电网保护设备开展状态检修和技术改造提供支持。

基于大数据开展保护设备运行可靠性分析，通过建立模型、提取数据、聚类分析、指标计算，最终得出可量化的结果。

（1）数据抽取。从OMS、继电保护统计分析系统中抽取设备信息共30余万条，包括常规变电站220kV及以上电压等级保护设备、智能变电站各电压等级保护设备，以及部分110kV及以下常规变电站保护设备；从OMS、继电保护统计分析系统和PMS系统中抽取运行数据及缺陷记录，包括2008年以来的缺陷记录近15000条，故障事件、保护动作信息和录波数据近100GB。

（2）保护设备描述标准数据模型建立。保护设备的设备描述标准数据模型是开展后续分析工作的基础，需要融合保护设备描述变量信息、保护设备运行描述变量信息，其中保护设备描述变量信息包括制造厂家、采样类型、输出类型、软件版本、保护类别等；保护设备运行描述变量信息包括发生缺陷和不正确动作的类别、次数、原因、具体保护功能、硬件信息等。基于电网通用模型描述规范（CIM/E）对保护设备基本信息进行建模与拓展，表6-3中列出模型的部分主要内容。

表 6-3　　　　　　　　继电保护设备描述标准数据建模示例

名称	说明	名称	说明
制造厂家	—	校验码	用于非六统一设备
设备类别	分类，如线路保护、变压器保护、母线保护等	选配功能	用于六统一设备
设备型号	—	文件名称	用于六统一设备，保护装置的 ICD 文件名称
设备类型	如微机型、集成电路型、电磁型等	文件版本	用于六统一设备，保护装置的 ICD 文件版本
是否国产	—	CRC32 编码	用于六统一设备，ICD 文件 CRC32 验证码
版本类型	非六统一不分模块、非六统一分模块、六统一等不同版本类型	MD5 编码	用于六统一设备，ICD 文件 MD5 验证码
软件版本编码	用于非六统一设备	批次	用于六统一设备，发布专业检测批次
软件模块名称	用于非六统一设备	软件版本	用于六统一设备，标准化、详细软件版本
软件版本	用于非六统一设备	—	—

（3）保护设备家族型号聚类分析。根据设备描述标准数据模型，将保护设备内部软件版本按不同模块管理归类至2万多项，将保护设备按型号归类至5000多项；对保护设备型号样本进行归一化处理后，选用平均距离度量算法进行距离度量；根据继电保护设备的多种变量特征进行Q型聚类分析，建立起保护设备家族型号共200多项。

以某14种保护设备型号为例，计算出欧氏距离平方近似矩阵（见表6-4），其中具体型号用代码$x_1 \sim x_{14}$进行标识。

采用凝聚层次聚类的组间连接算法将示例中的14种保护设备型号聚合为4类，如图6-11所示。

（4）保护设备可靠性分析。建立家族型号后，每台保护设备均可对应于某一保护设备家族。通过计算全网同家族保护设备的数量，关

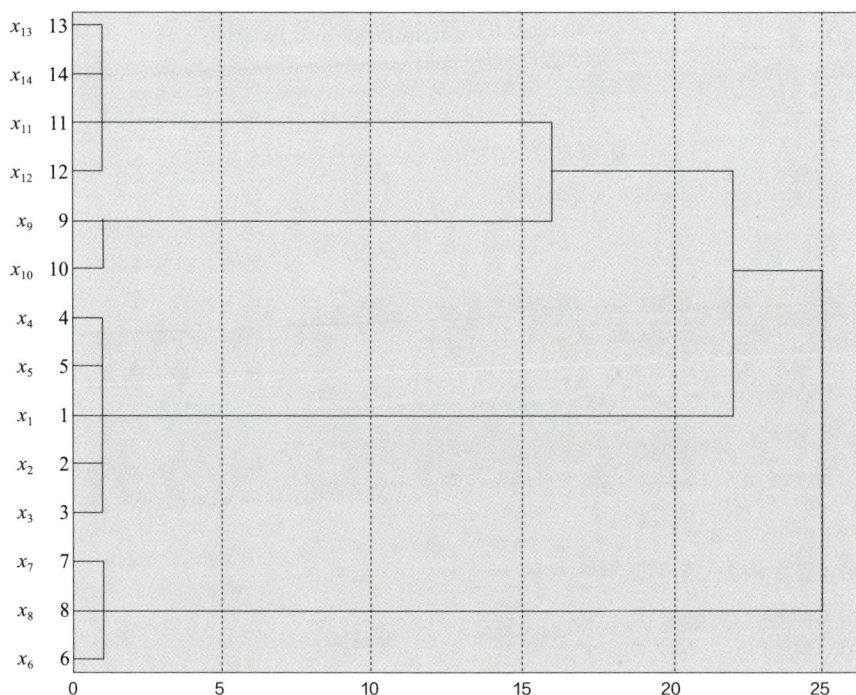

图6-11　继电保护设备家族聚类结果示例

表6-4　$x_1 \sim x_{14}$ 型号继电保护设备欧氏距离平方近似矩阵

x_i	1	2	3	4	5	6	7	8	9	10	11	12	13	14
1	0.000	0.000	0.000	0.000	0.000	3.738	3.738	3.738	3.404	3.404	3.000	3.000	3.000	3.000
2	0.000	0.000	0.000	0.000	0.000	3.738	3.738	3.738	3.404	3.404	3.000	3.000	3.000	3.000
3	0.000	0.000	0.000	0.000	0.000	3.738	3.738	3.738	3.404	3.404	3.000	3.000	3.000	3.000
4	0.000	0.000	0.000	0.000	0.000	3.738	3.738	3.738	3.404	3.404	3.000	3.000	3.000	3.000
5	0.000	0.000	0.000	0.000	0.000	3.738	3.738	3.738	3.404	3.404	3.000	3.000	3.000	3.000
6	3.738	3.738	3.738	3.738	3.738	0.000	0.000	0.000	3.222	3.222	3.968	3.968	3.968	3.968
7	3.738	3.738	3.738	3.738	3.738	0.000	0.000	0.000	3.222	3.222	3.968	3.968	3.968	3.968
8	3.738	3.738	3.738	3.738	3.738	0.000	0.000	0.000	3.222	3.222	3.968	3.968	3.968	3.968
9	3.404	3.404	3.404	3.404	3.404	3.222	3.222	3.222	0.000	0.000	2.302	2.302	2.302	2.302
10	3.404	3.404	3.404	3.404	3.404	3.222	3.222	3.222	0.000	0.000	2.302	2.302	2.302	2.302
11	3.000	3.000	3.000	3.000	3.000	3.968	3.968	3.968	2.302	2.302	0.000	0.000	0.000	0.000
12	3.000	3.000	3.000	3.000	3.000	3.968	3.968	3.968	2.302	2.302	0.000	0.000	0.000	0.000
13	3.000	3.000	3.000	3.000	3.000	3.968	3.968	3.968	2.302	2.302	0.000	0.000	0.000	0.000
14	3.000	3.000	3.000	3.000	3.000	3.968	3.968	3.968	2.302	2.302	0.000	0.000	0.000	0.000

联对应的缺陷信息，就可以进一步计算家族可靠性指标。

表6-5中列出了保护设备数量较多的某10个设备家族可靠性评估结果。将此评估结果结合保护设备的其他评价指标，即可完成对每台设备的准确量化评价，判断该设备的运行状态。

表6-5　　　　　　　　继电保护装置家族可靠性评价示例

序号	家族型号 ID	数量	家族可靠性评估结果
1	FM101	11171	100
2	FM119	6071	100
3	FM1263	4397	100
4	FM97	11571	100
5	FM56	7798	87.6
6	FM132	5933	71.4
7	FM52	7388	40.2
8	FM1275	5564	0
9	FM69	8598	0
10	FM84	7188	0

计算全部保护设备家族的可靠性指标，得到结果如图6-12所示，其中各个保护设备家族数量与图元大小成比例，家族保护设备的不同状态对应于图中的不同色彩，青色为健康状态，深红色为预警状态，橙色、浅红色对应注意状态。

从图6-12可以看出，部分保护设备家族在运行评价中可靠性较低，设备运行存在一定风险，同时也成为威胁电网安全稳定运行的薄弱点。根据家族内所包含具体型号的设备，通过关联各单位地理位置、管辖设备情况，可以定位需重点关注的保护设备全网分布情况，为针对性状态检修工作开展和设备技术改造精准投资提供有力支撑。

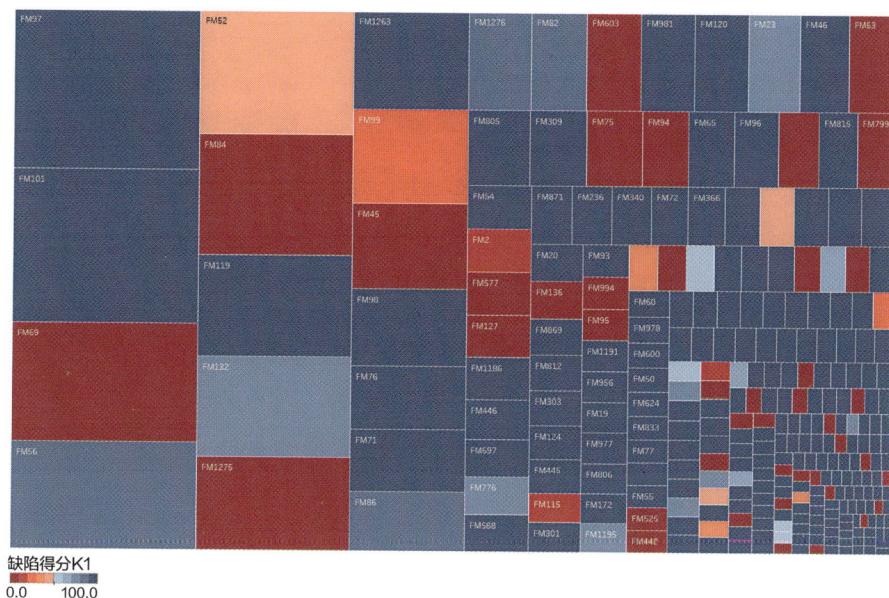

缺陷得分K1
0.0   100.0

图6-12 继电保护设备家族可靠性

6.6 新能源大数据的快速提取与实时可视化

6.6.1 业务需求与应用

1. 业务需求

目前，我国新能源发电已积累了大量运行数据，这些数据结构多样、质量高低不一，尚未形成有效的海量新能源运行数据分析展示方法，难以分析挖掘调控性能的时空规律，无法准确把握新能源出力特性，实现有效的、精细化的调度控制，这给新能源电站的运行监控和优化调度带来了很大的困难。同时，极端灾害气象事件对电网的安全稳定运行带来极大威胁，特别是随着智能电网与特高压电网的快速发展，自然灾害危害概率更高、影响范围更广，迫切需要建立电力气象预报与预警平台，提升电网气象灾害预防能力，支撑电网安全稳定运行。

2．应用目标

建立适用于新能源领域的大数据平台，该平台每日可存储超过500GB的资源预测数据、每天超过20GB的新能源运行数据；可实时监视新能源运行及资源情况，满足单次40万条以上网格化数据的秒级提取及渲染要求；在高比例尺下气象要素的渲染效果可实现平滑渐变；可实现新能源功率预测、理论功率计算、优先调度评价及风险评估及预警等应用，满足新能源调度运行技术支撑需要，提高新能源运行管理水平和新能源消纳能力。

6.6.2　研究方法与应用成果

根据业务需求及应用目标要求，研究基于大数据平台的新能源数据融合及存储方法、海量数据快速提取方法、GIS可视化方法和三维渲染方法。

1．研究方法

（1）新能源数据融合及存储方法。由于发电设备多、地理范围广，新能源运行数据和资源数据种类繁多、体量巨大。按数据结构分，既包括来自数据库的结构化数据，又包括来自文本、图片的非结构化数据；按数据时间粒度分，既包括秒级、分钟级、小时级连续采集数据，又包括大量不连续的预测和计算数据。从数据量方面来说，仅中国电科院数值天气预报中心每天产生的全国范围9km×9km及3km×3km精度天气预报结果大小就超过500GB。采用常规的关系数据库或数据仓库技术，无法满足应用要求，需要采用Hadoop等分布式存储平台来满足存储海量历史数据及快速增长数据的需求。

（2）海量数据快速提取方法。为实现新能源资源数据渲染的需求，需要对40万条以上记录结果在1秒内进行检索及传输。平台除了建立索引等常规手段外，还采用以下手段进行优化：采用键值对编码，制定编码排序、范围均衡等规则，实现存储数据的快速定位，满足数据从时间、空间等多维度检索要求；针对单次大数据提取需求，扩展平台默认的数据交互方式，重新定义各节点间数据交互格式，并对传输内容进行压缩。经过多重优化，可达到单次40万条记录的查询及传输性能在百毫秒级别。

（3）GIS可视化方法。新能源发电运行和资源情况密切相关，中国地域南北宽5000多千米，横跨5个时区，地理范围内风光资源分布不均，对新能源发电影响大，在进行数据分析、展示时，必须要考虑地理位置分布、季节变化对发电的影响。此外，应用展示时也要兼顾整体资源分布和局部资源趋势等具体要求。采用GIS中不同的摄像机视角位置来触发不同图层的展示，实现在不同高度和位置展示不同尺度的信息，达到资源统计信息和具体信息展示的自然过渡；采用视野范围控制等方法，实现对显示的发电设备类型和数量的有效过滤；同时，基于GIS对自由路径选取的支持，进行多区域和跨区域数据分析，消除新能源在规划和分析时受空间及管理范围约束的限制。

（4）三维渲染方法。为能真实体现新能源数据的空间分布情况、发电及输电等设备的运行状态，需要以三维的方式进行可视化展示。三维渲染将数据信息以各类曲线或多边形的形式抽象出来，再通过计算机计算输出最终图像，主要分为实时三维渲染和离线三维渲染两种。考虑到大量新能源运行数据和资源数据的渲染速度要求，采用实时渲染方式，将渲染的设备、数据进行多边形抽象，最终分解成最容易计算和表示的三角形，建立三角面片模型；再通过HTML5、WebGL等技术，直接使用GPU的渲染管道进行渲染加速，使得全国范围内的新能源资源渲染能够在1秒以内完成，最终实现资源的实时渲染和动态展示，使用户能够直观、快捷地发现资源的分布及变化特性。

2．应用成果

基于大数据平台，结合GIS、三维可视化、图表分析等技术，对新能源运行数据、数值天气预报数据、气象观测数据等进行处理，形成了新能源大数据可视化平台，主要包括以下可视化辅助功能。

（1）基础信息查询管理。图6-13（a）为资产分布及信息展示界面，可查看及管理新能源电站、发电设备、输电线路等基础信息；图6-13（b）为网格化预测趋势展示界面，可查看指定时间断面的气象预测结果，同时支持对单网格点的长时间尺度预测趋势进行展示分析。

（2）资源动态展示。基于大数据平台的数据处理机制通过索引结构优化、传输方式优化、三维渲染优化等处理，实现资源预测结果滚动播放、实时渲染。图6-14（a）为全国某时刻光资源分布图界面，可以直观显示光资源分布的不均匀特性及资源变化特性；图6-14（b）为全国某时刻风资源分布及风电场分布图界面，可直观显示风资源的分布特性及风电站投资建设情况。

（3）监测及预警展示。图6-15（a）为特高压输电线路预警界面，可实现对特高压输电线路的雷电、覆冰、风偏等风险进行预警。图6-15（b）为风机控制监测及预警界面，可实现对风机运行情况监测及控制响应情况进行评估。

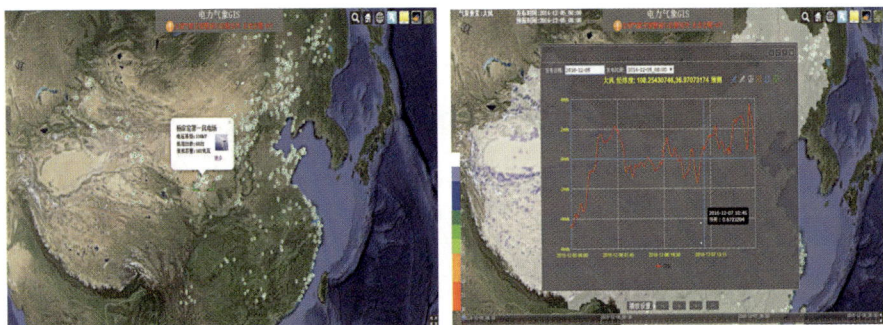

（a）资产分布及信息展示　　（b）网格化预测趋势展示

图6-13　基础信息可视化界面

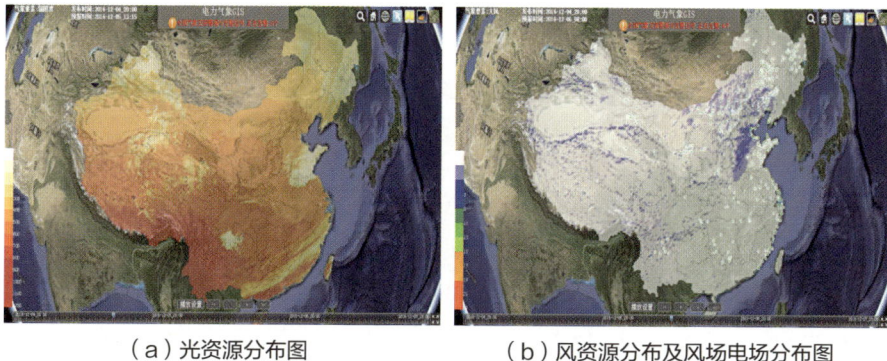

（a）光资源分布图　　　　　　　（b）风资源分布及风场电场分布图

图6-14　资源预测可视化界面

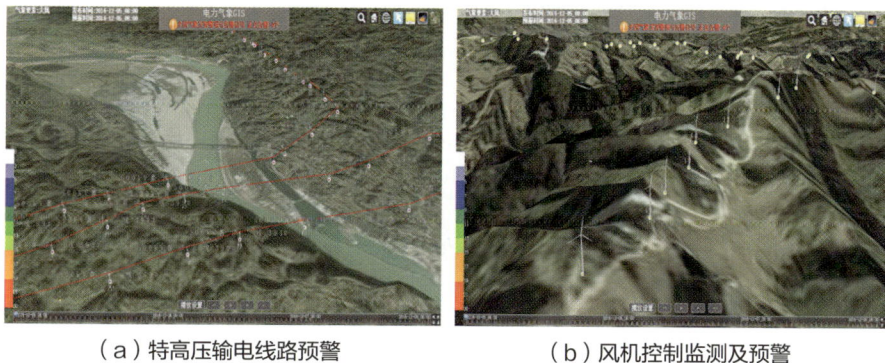

（a）特高压输电线路预警　　　　　　（b）风机控制监测及预警

图6-15　监测及预警展示界面

6.7　随机矩阵在智能电网大数据分析中的应用

6.7.1　随机矩阵基本特性

随机矩阵理论是对复杂系统进行统计分析的重要数学工具之一。文献［16］中首次提出将随机矩阵理论引入电力系统，为智能电网大数据提供了一种全新的、通用的分析架构。一个以随机变量为元素的矩阵称为随机矩阵。当随机矩阵的行数和列数趋于无穷大，且行列比保持恒定时，随机矩阵的经验谱分布函数具有优良的特性，如单环定理、Marchenko-Pastur定理等。虽然这些特性要求矩阵维数趋近无穷，但大量的实践已表明，只要矩阵的规模达到一定程度后，这些特性就会显现，并具有一定的精确度。

1．单环定理

假设 $X = \{x_{ij}\}$ 为 $N \times T$ 阶非Hermitian随机矩阵，矩阵中元素独立同分布且期望和方差满足 $E(x_{ij}) = 0$，$E(|x_{ij}|^2) = 1$。对于多个非Hermitian矩阵的情况，令 $\tilde{Z} = \prod_{i=1}^{L} \tilde{X}_{u,i}$，其中 L 为矩阵数量，$\tilde{X}$ 为非Hermitian矩阵 X 的奇异值等价矩阵。当 N，$T \to \infty$ 且 $c = N/T \in (0, 1]$ 时，$\tilde{Z}$ 特征值的经验谱分布满足单环定理，概率密度函数为

$$f(\lambda_i) = \begin{cases} \dfrac{1}{\pi c L} |\lambda_i|^{\frac{2}{L}-2}, & (1-c)^{\frac{L}{2}} \leqslant |\lambda_i| \leqslant 1 \\ 0, & \text{其他} \end{cases} \quad (6\text{-}1)$$

根据单环定理，高维非Hermitian矩阵 $\tilde{Z}$ 特征值将分布于外环半径1和内环半径 $(1-c)^{\frac{L}{2}}$ 之间。

2．Marchenko-Pastur定理

假设 $N \times T$ 阶非Hermitian矩阵 X 满足矩阵中元素为独立同分布，期望 $\mu = 0$，方差 $\sigma < \infty$。当 N，$T \to \infty$ 且 $N/T = c \in (0, 1]$ 时，X 协方差矩阵 S_N 的经验谱分布非随机的收敛于密度函数 $f(\lambda_{S_N})$，计算公式如下

$$f(\lambda_{S_N}) = \begin{cases} \dfrac{1}{2\pi c \lambda_{S_N} \sigma^2} \sqrt{(a - \lambda_{S_N})(\lambda_{S_N} - b)}, & a \leqslant \lambda_{S_N} \leqslant b \\ 0, & \text{其他} \end{cases} \quad (6\text{-}2)$$

式中：λ_{S_N} 为协方差矩阵 S_N 的特征值，$a = \sigma^2(1 - \sqrt{c})^2$，$b = \sigma^2(1 + \sqrt{c})^2$。

3．线性特征值统计量

线性特征值统计量（linear eigenvalue statistic，LES）反应特征值

分布情况。对某一随机矩阵X，其特征值统计量定义为

$$N_N[\varphi] = \sum_{i=1}^{n}\varphi(\lambda_i) = Tr\varphi(X) \qquad （6-3）$$

式中：$\lambda_i(i = 1, 2, \cdots, n)$为随机矩阵$X$的特征值，$\varphi(\cdot)$为测试函数。选取$\varphi(\cdot)$不同，计算得到特征值统计量分布情况也不相同，常用的$\varphi(\cdot)$有多项式表达形式和核函数表达形式。

当随机矩阵X所含元素较多时，大数定理可分析特征值分布。大数定理描述了$(1/N)N_N[\varphi]$依概率收敛于式（6-4）

$$\lim_{N\to\infty}\frac{1}{N}N_N[\varphi] = \int \varphi(\lambda)\rho(\lambda)\mathrm{d}\lambda \qquad （6-4）$$

式中：$\rho(\lambda)$为特征值概率密度函数，满足Marchenko-Pastur定理。

结合单环定理相关特征，定义平均谱半径（mean spectral radius，MSR）作为线性统计特征量

$$k_{\mathrm{MSR}} = \frac{1}{N}\sum_{i-1}^{N}|\lambda_i| \qquad （6-5）$$

式中：λ_i为矩阵特征值，N为特征值数量。几何意义上，$|\lambda_i|$为特征值所在点与原点距离，即特征值半径。

矩阵的特征值波动能够反映矩阵元素的波动情况，进而反映对应物理系统的运行情况和状态。对电网而言，特征值分布情况宏观上能够反映系统整体状态，从而达到数据驱动分析运行状态。

6.7.2 电网海量时空数据的随机矩阵构建和量化指标选择

PMU利用全球定位系统提供的精确时间基准对电力系统的状态进行数据采集。PMU实时数据为以数据驱动为核心的分析方法提供了大量的原始数据样本，从而为数据分析奠定了基础。实现PMU数据与电力系统仿真分析和运行数据的结合，为更多的应用案例提供了条件。

数据的不同属性对应用场景的适用性和灵敏度也不同，电网运行分析需要根据需求选择适当属性的数据作为支撑，同时要考虑不同数

据模型的特征。在电力系统静态稳定性和暂态稳定性分析方面，综合考虑实际需求和时间序列对数据平稳性要求，选取电压数据作为研究的基础数据较为适当。

海量运行数据具有时间特性和空间特性，设$X = \{x_{ij}\}$，$i = 1, \cdots, N$；$j = 1, \cdots, T$。其中，N表示节点数，T为总时间，建模架构如表6-6所示。

表6-6   PMU 分析数据结构

x_{ij}	1	2	...	T
1	x_{11}	x_{12}	...	x_{1T}
2	x_{21}	x_{22}	...	x_{2T}
⋮	⋮	⋮	⋱	⋮
N	x_{1N}	x_{2N}	...	x_{NT}

为充分利用历史数据进行实时性分析，将随机矩阵理论和时间序列方法结合在一起，形成不断变化的随机矩阵时间窗。对电网海量运行数据采用滑动时间窗口模型采集数据：时间窗口宽度为T_w，每次采样向后移动一个时间点，则在t时刻采集，t时刻为当前时刻，窗口中有$t-1$历史时刻，对应有$t-1$个历史状态变量。

$$\hat{X}_t = [\hat{X}_{t-T_w+1}, \hat{X}_{t-T_w+2}, \cdots \hat{X}_t] \tag{6-6}$$

设$\{x_i\}$，$i = 1, 2, \cdots, p$是具有实数值的随机向量，则X_i为n维随机矩阵，协方差矩阵S_n如式（6-7）表示

$$S_n = \frac{1}{n} \sum_{i=1}^{n} X_i X_i^T \tag{6-7}$$

时间序列构成的高维随机矩阵X中的元素均为实数，通过酉矩阵U对X时间序列样本协方差矩阵做奇异值等效，得奇异值等价矩阵$X_u = U\sqrt{XX'}$。奇异值等价矩阵X_u可保留样本矩阵的特征信息，可用

于转化时间序列样本矩阵的特征值。

为定量分析扰动对稳定性影响，展示系统稳定性的时空关联特性，需建立评价指标。可定义平均谱半径（mean spectral radius，MSR）如式（6-8）

$$k_{MSR} = \frac{1}{N}\sum_{i=1}^{N}|\lambda_{S_N,i}| \qquad (6-8)$$

式中：$\lambda_{S_N,i}$为协方差矩阵（6-7）的特征值。k_{MSR}可表征在某种运行方式下电网运行的整体态势，或者某种扰动对电网的影响程度。

结合滑动时间窗口，MSR评价方法可以对一段时间内运行情况进行分析和评估。在暂态稳定分析中，MSR与内环半径对比可分析系统运行稳定性：若MSR在内环半径和外环半径之间，系统稳定；反之，系统有扰动发生。

稳定运行时电网状态变量不会突变，前后时刻变化在某一特定范围；电网有扰动或者故障时，电网某些数据变化明显。考虑利用评估矩阵$\hat{H}(x)$前后时刻的差异分析关联影响因素的程度，定义评价指标（evaluation index，EI）见式（6-9）

$$EI = \frac{n_t - n_{t-1}}{\sqrt{n_t^2 - n_{t-1}^2}} \qquad (6-9)$$

式中：n_t为t时刻对应的$\hat{H}(x)$的列向量；n_{t-1}为$t-1$时刻$\hat{H}(x)$对应的列向量。

为了研究电网运行状态与影响因素的内在联系，需要提取配电网状态数据与影响因素数据之间的相关性，将电网状态数据作为基本部分，将影响因素数据作为增广部分，共同构成增广矩阵作为相关性分析的数据源。

6.7.3 随机矩阵用于电力系统静态稳定分析

1．评估步骤

（1）采集量测数据，根据研究内容确定随机矩阵中数据内容，生成原始数据矩阵。

（2）采用实时分离窗技术，确定窗口宽度。分别从原始数据矩阵中取得对应矩阵，对矩阵进行归一化及标准化预处理。

（3）计算所取出时间窗口的样本协方差矩阵或者对应的奇异化样本协方差矩阵。

（4）采用Marchenko-Pastur定理求出特征值及对应的谱分布，或采用圆环率求出特征值及对应的圆环。

（5）求出平均谱半径。

（6）重复步骤（3）～步骤（5），直到窗口滑动到当前时刻。

（7）绘制出平均谱半径趋势图，并对其进行分析，对比当前时刻和历史时刻的平均谱半径。

（8）综合以上步骤，评估静态稳定态势，同时检测出异常时刻以及异常状态量。

2．算例

采用IEEE 39节点配电网络作为算例，并根据需要对其做了改动。IEEE 39节点网络拓扑如图6-16所示，其中发电机节点10个，变

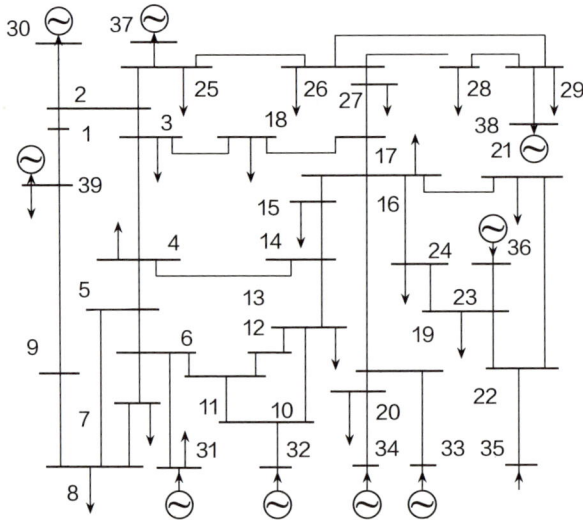

图6-16　IEEE 39节点网络拓扑

压器节点12个，负荷节点17个。

（1）算例1。原始数据是IEEE 39节点中17个负荷节点，总负荷连续增长，每个负荷节点负荷都发生变化。选取每一状态点的所有节点电压和负荷节点的有功功率构成56维随机矩阵，一共956个采样时刻。其中前200个时刻为系统稳定状态，从第201个时刻开始，总负荷连续增长，取时间窗口$T_W = 80$，依次对每个滑动时间窗口构成的矩阵按照上文方法进行平均谱半径的计算，结果如图6-17所示。

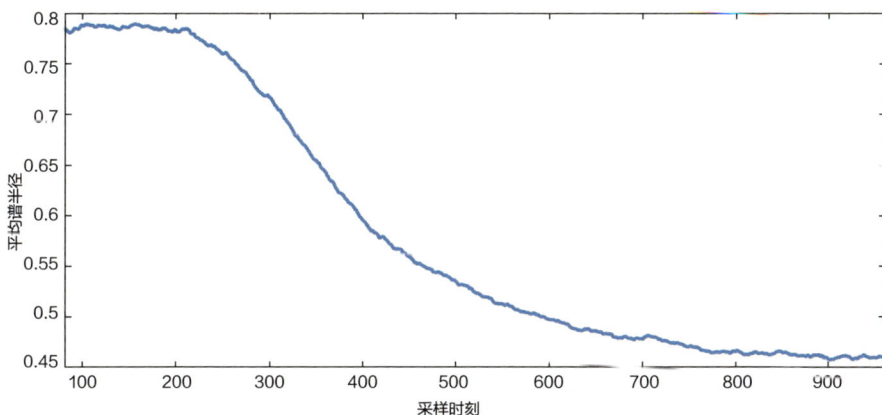

图6-17　算例1平均谱半径曲线

从图6-17中可以看出，由于时间窗口为80，故平均谱半径数值从第80个采样点开始分析，时间窗口中包含历史数据，在稳定时刻平均谱半径曲线平稳，随着总负荷的增加，系统负荷裕度降低，平均谱半径呈下降趋势，系统趋于不稳定状态。

（2）算例2。设置IEEE 39节点中第18节点处负荷功率连续增加，其余负荷节点处负荷功率保持不变。一共361个采样时刻，其中前200个采样时刻系统处于稳定状态，从201个采样时刻开始第18节点处的负荷功率开始连续增加。选取每一个采样时刻系统发电机节点、负荷节点处母线电压共27维数据和所有负荷节点有功功率共17维数据，构成44维随机矩阵进行分析，选取时间窗口$T_W = 80$，依照上文介绍方法进行静态稳定性态势评估，采样时刻和平均谱半径曲线如图6-18所示。

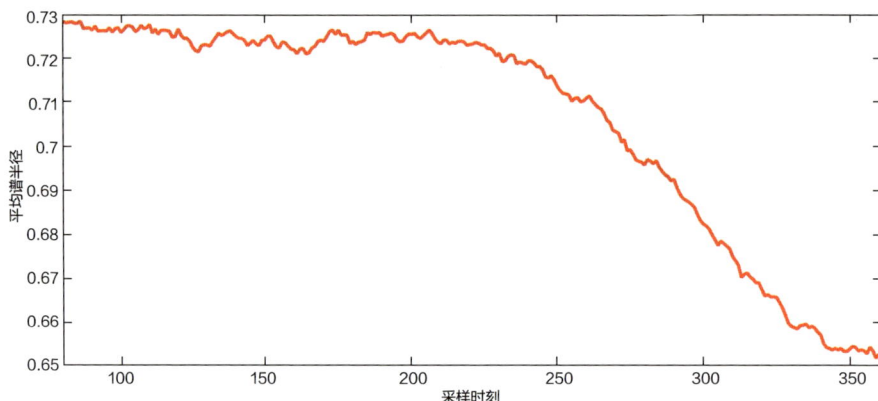

图6-18 算例2平均谱半径曲线

由图6-18可以看出，从第80个采样时刻到第200个采样时刻平均谱半径相对平稳，波动是由噪声和随机矩阵服从统计规律造成的，若扩大滑动窗口宽度，去噪能力增强，曲线会相对平滑。从第200个采样时刻开始平均谱半径数值呈降低趋势，事实上，总负荷功率在此时间段内为上升趋势。为寻找何处负荷功率变化对电网产生影响，采用增广矩阵方法，提取电网状态数据与负荷数据之间的相关性，先选取每一个采样时刻系统发电机节点、负荷节点处母线电压共27维数据，在此基础上依次分别选取17个负荷节点处的有功功率扩展到27维，构成54维的随机矩阵进行仿真分析，时间窗口$T_W=80$，结果如图6-19所示。

从图6-19中可以看出，一共17条曲线，每一条曲线对应一个负荷节点有功功率与发电机、负荷节点的电压构成的随机矩阵。在第200个采样时刻之前，17条曲线平均谱半径值均呈现出平稳的趋势，而后其中16条平均谱半径值相对平稳，1条曲线的平均谱半径呈现下降趋

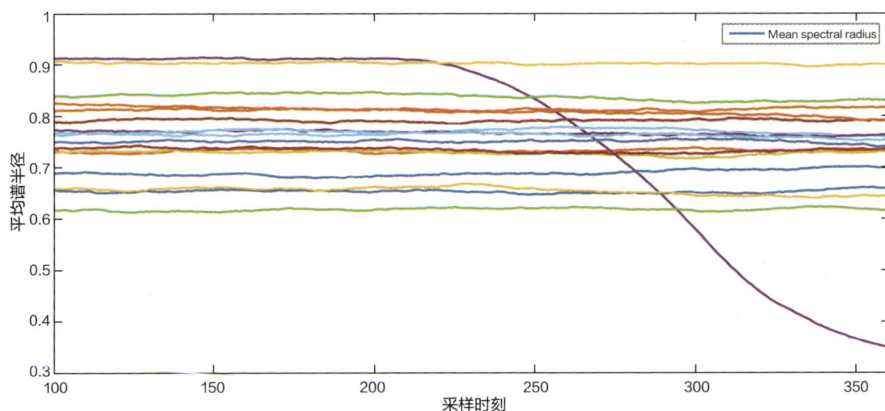

图6-19 不同负荷的平均谱半径曲线

势。曲线和随机矩阵一一对应，随机矩阵和电网负荷节点一一对应，可以看出第18节点处负荷功率发生了变化。

6.7.4 随机矩阵用于电力系统暂态稳定性分析

1. 分析流程

从随机矩阵理论的角度分析高维时间序列ARMA（Auto-Regressive and Moving Average Model）模型的谱分布，并推导出ARMA模型的概率密度函数。

利用平均谱半径分析方法进行海量电网运行时空数据建模架构和滑动时间窗口选取数据，可实现从宏观上实时监控电网运行状态，且可以充分利用历史数据。从随机矩阵理论角度进行时间序列分析，每个步长滑动时间窗口计算MSR数值可作为计算 $\hat{h}(x)$ 的实部初值。电网稳定运行时，每一时刻对应的ARMA模型参数基本相同，扰动影响会导致时间序列模型参数变化。结合每个节点对应的ARMA模型基础参数计算功率谱密度 $\Phi(\omega)$，可将节点每个时刻的状态量化映射到一个实数，从而实现某一个或几个节点的评估分析。具体流程如图6-20所示。

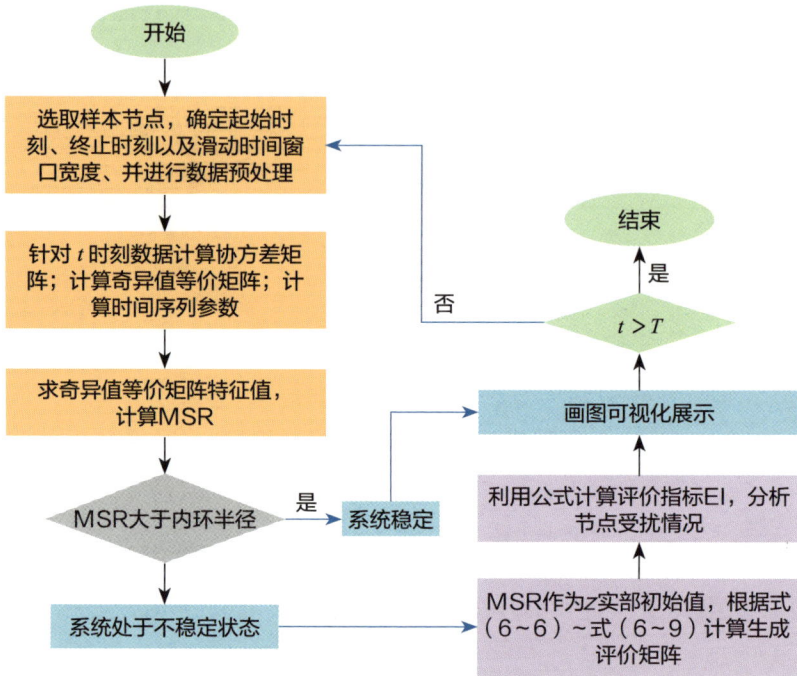

图6-20 海量电网运行时空数据处理过程

2．算例

本算例分析不同类型但相同时间、相同地点故障与电网运行的关联性。分别用MSR分析运行整体态势，并用时间序列方法判断故障影响程度和故障影响区域。形成样本矩阵中，前240时刻数据为电网稳定运行历史数据，取时间窗口$T_W=240$。2号母线发生三相短路和两相短路的电压仿真结果如图6-21和图6-22所示。

图6-23为2号母线发生三相短路和两相短路平均谱半径对比图。由随机矩阵理论和MSR定义，当MSR值小于内环半径时，系统处于不正常运行状态。MSR波动程度和故障时刻均与仿真结果相对应。其中，故障窗口宽度与故障持续时间和时间窗口T_W有关，亦可以推断故障恢复时间。20s后故障导致系统失稳，MSR呈现不规则波动。MSR值越小说明故障与电网运行关联性越强，或者故障对电网稳定

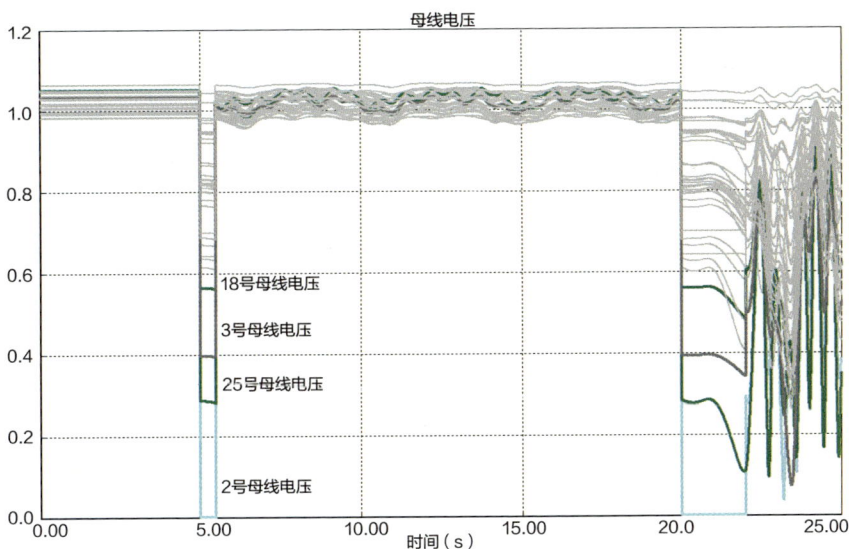

图6-21 2号母线三相短路电压仿真结果

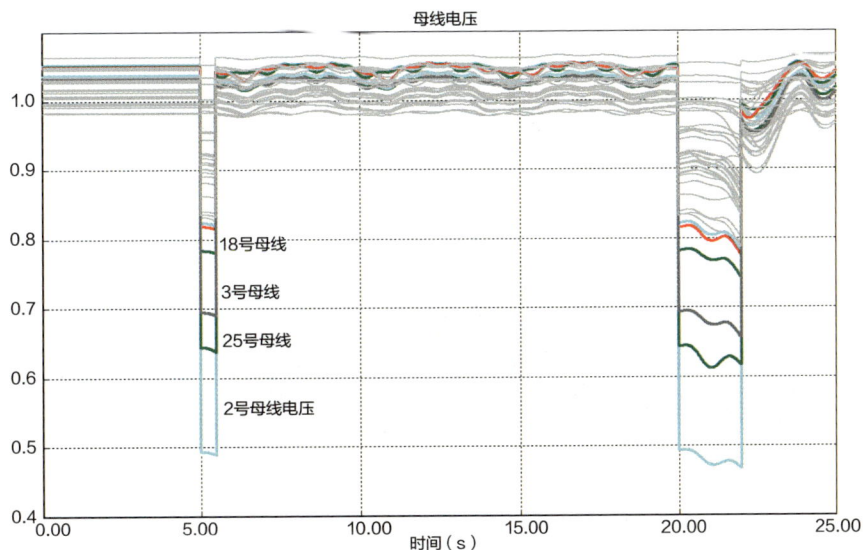

图6-22 2号母线两相短路电压仿真结果

运行影响越大。因此，MSR可以从宏观角度判断系统运行状况。

图6-24和图6-25为不同故障EI图。电网数据存在固有噪声，图中正常运行时刻出现波动由固有噪声引起。当波动出现较为明显的异常值时，系统受到扰动导致运行状态发生变化。图中数值变化时刻与故

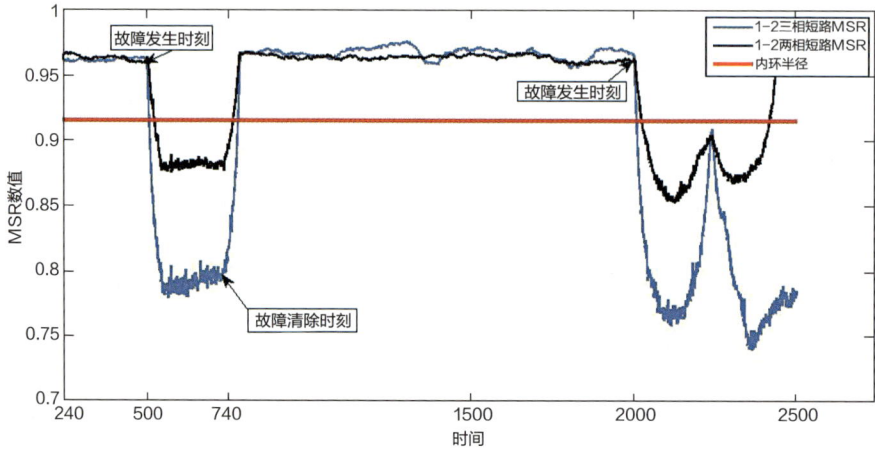

图6-23　MSR对比图

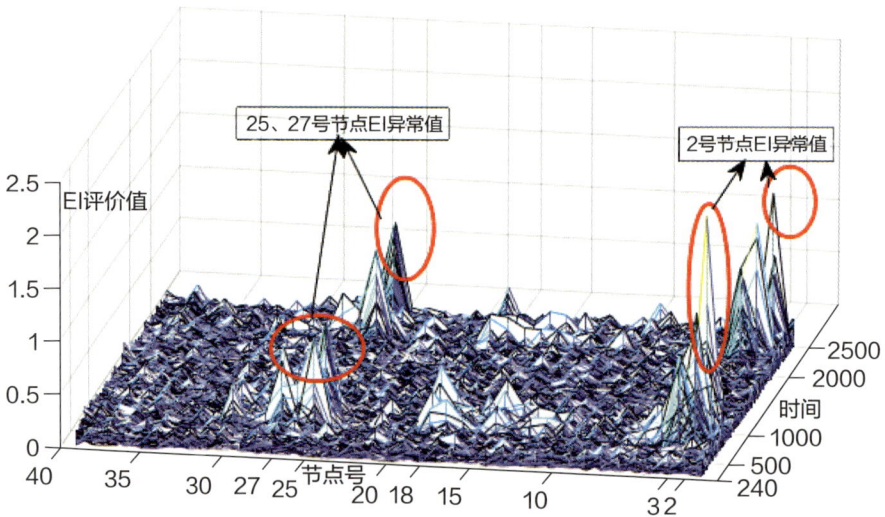

图6-24　三相短路EI评价图

障时刻相同，且幅值波动与仿真结果相似。比较图6-24和图6-25的波动幅值，三相短路较两相短路EI值更大，即三相短路对电网冲击更大，符合电网物理特性。图6-24和图6-25中2号节点和25号节点附近EI值变化最大，这与本算例故障相符。通过这种方式可将MSR从整

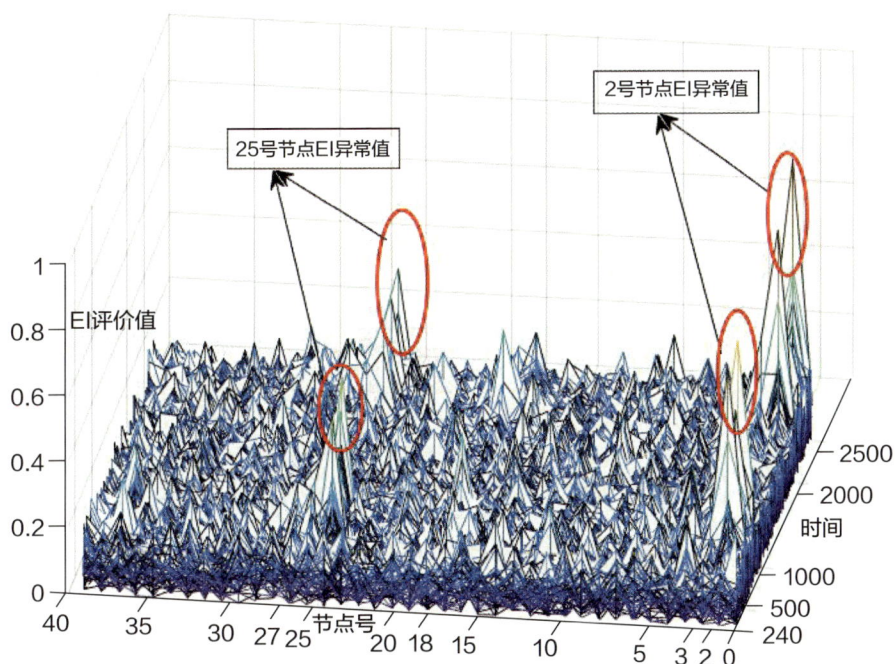

图6-25 两相短路EI评价图

体分析电网运行状态的方法细化到某个节点，且EI波动幅值可以在一定程度上反映节点受到冲击的大小，可判断扰动的影响范围。

6.7.5 随机矩阵优势及应用展望

基于随机矩阵的数据分析过程是独立的数学过程，不依赖于网络结构和物理模型，具有较高的通用性。例如，在上述静态稳定分析中，利用随机矩阵进行分析，避免了复杂网络潮流计算和具体临界值求取。融合状态量多，数据量相对较大，充分利用电网产生的数据，将数据转化为知识，避免了通过机理建模中各种简化和假设导致分析结果不能充分反映系统实际运行情况的问题，提高了评估的可靠性。

随机矩阵可用于分析高维数据的相关性，可将历史数据和现行数据、状态变量和影响因素结合在统一的数学模型中进行分析，并对关联性做出定量评价，直接锁定故障或事件源头，这样不仅可分析系统"是否稳定"，还能分析与稳定性相关的时空关联性。例如，在上述暂态稳定分析中，可基于运行数据，通过计算平均谱半径从宏观上分析判断电网的稳定性。

随机矩阵有望成为适用于多种场景的数学工具。随机矩阵与时间序列理论、熵理论相结合，将形成更多更有效的数学驱动解决方案。例如，上述暂态稳定分析中，结合时间序列方法分析样本矩阵的极限谱密度函数，并定义评价指标EI，可量化分析结果，从EI评价图直观得到受扰动影响最大的节点，且EI评价结果可以反映扰动时系统受影响的程度，因此EI波动可以在一定程度上反映扰动在系统的影响范围。

智能电网大数据
BIG DATA
7

智能电网大数据
工作展望

可再生能源、电动汽车、分布式能源的广泛接入和用户的广泛参与，将导致未来电网日益开放，电网的不确定性和复杂程度进一步加剧。采用先进的信息通信技术和互联网技术，实现电网物理设施和信息通信系统的深度融合，对电力生产、电网运行和用户参与进行实时和全景的观测、控制，实现电网由自动控制向自主控制的转变，是电网发展的必然趋势。在电源侧，将呈现电源多样性、随机性和波动性等特点，为应对这种状况，电网需要接入多种灵活源，包括柔性负荷、储能技术的应用；在电网侧，间歇式能源、柔性负荷的广泛接入，要求电网具有柔性和自适应能力；在用户侧，分布式能源大规模并网、政策和市场引导的需求响应的实施，使得电网由基本封闭的物理系统向受到外界深入影响的、开放的、混沌的系统转变。物联网、云计算、大数据、人工智能等一系列新技术的出现，必将在未来电网发展中发挥重要的作用。

7.1 发展趋势

电网的发展和变革，将向着自动化、智能化的路线演进。电网智能化未来的发展是建立在物联网、云计算、大数据与深度学习等一系列技术成熟且被深层次应用的基础之上，是对传统电网物理属性的进一步扩展，是增加电网的连接通信特性和智能决策属性的智能化改造过程。

智能感知技术的发展以及电力信息通信网络的建设为电网实时状态采集和全程在线感知提供了手段和媒介。智能感知设备遍布电网各个环节，实时采集、传输电网状态信息，用数据真实记录和反映着电网运行状态。随着电力信息通信网和无线专网的建设，传输带宽不断增大，可支撑更多高密度数据采集和大容量数据传输的场景，实现电网实时状态采集和全程在线感知。未来电网是利用数字化的手段对电网进行重新定义和刻画，用数据真实记录和展现电网能量流、信息流和数据流的交互过程，利用数据全程实时展现电网运行状态、设备健康状态、管控运营状态，并为电网调度、运营管理及社会服务的决策过程提供数据支撑。

云计算与大数据技术的成熟为电网数据实时分析与处理提供工具。云计算技术的成熟和广泛应用，将带来通信和计算能力变革。以云资源为基础，充分利用其广泛部署和分布式存储能力，能够完成电网大范围的数据采集接入与融合存储工作；充分融合云的计算资源弹性扩展能力与大数据的处理能力，能够实现更大范围、更宽时间跨度、更智能算法的数据计算和处理工作。

深度学习智能算法的演进及海量历史数据的积累，使电网业务的决策过程从人工向机器智能辅助决策转变。无人驾驶、语音识别、图像理解等众多人工智能领域的应用，正是因为深度学习技术取得了突破，带来了新的发展。2016年"AlphaGo"第二次在公众视野亮相，以"Master"的身份挑战世界围棋顶尖高手，并获得了60场胜利，再次展示了人工智能的超预知能力。人工智能的核心优势在于能够利用各类传感器来代替人类收集数据、提取信息；能够利用大数据达到超越人类的计算和分析能力；能够不知疲倦地面对海量重复性任务；能够代替人类来实现学习成本高但是使用频度低的场景。同时，人工智能能够将学习、分析与决策能力在多场景应用中低成本复制，并不断进化该能力。这些优势是人类无法比拟的，也是电力行业所需要的。

电网的智能化决策支撑同样也是建立在一系列基础工作之上，需要海量持续积累的业务数据，需要在业务解读的基础上，利用神经网络等深度学习算法抽象电网生产和决策过程并搭建模型，建立起输入与输出结果之间的逻辑函数映射关系，需要智能化算法设计团队，需要具备云计算与大数据计算能力。这几类能力形成合力，带来的是决策结果准确度的不断提升。电网规划选址、大电网安全态势评估、运营效益评估诊断、设备预防性检修维护、用户用能分析与转化等场景，都可以建立相应的深度学习模型来辅助智能决策。

未来遍布电网发电、输电、变电、配电、用电各环节的传感设备将替代人工收集、统计和录入数据，提炼基础信息，实时传输至建立在云平台上的数据中心，基于覆盖电力全业务的数据模型进行融合存储，利用大数据技术对数据进行处理和分析。针对不同的电力业务场景，开发预警、监控、查询、统计、分析、辅助决策等功能模块，以云平台软件的方式提供服务，同时产生的数据以服务模式为用户使用。电网的全部业务环节转化为一张由数字构建的网络，所有现有的业务和决策过程抽象为数据处理流程和模型算法，将最终结果作为人工决策的依据。

7.2　实现路径

要实现智能电网大数据研究和应用落地，将经历三个发展阶段：

第一阶段是启蒙和初步探索阶段（2012~2014年）：初步认识大数据的概念和理论；分析大数据在智能电网诸多领域的需求和价值；开展战略研究，制定发展路线图；形成少量研究及应用成果。

第二阶段是技术研发和示范应用阶段（2015~2020年）：首先在一些热点领域开展大数据研究和应用开发，使得大数据的应用价值得以部分展现，得到一定程度的认同，激励更多的机构、组织和个人加入到智能电网大数据研究中。与此同时，在各行各业大数据应用驱动下，大数据理论和相关技术得到快速发展，进一步带动智能电网大数据发展，使大数据在智能电网发展中逐步发挥出重要作用。但由于当前智能电网发展水平尚不能完全满足系统互操作性要求，管理机制方面存在缺陷，难以保证数据的完整性、准确性和可信性，再加上受技术水平的限制，大数据的处理、融合和分析技术不能完全满足需要，因此在这一阶段形成的智能电网大数据技术方案是分散的、局部的，难以形成覆盖到智能电网全领域的完整技术体系和整体解决方案。

第三阶段是技术提升和大规模技术部署阶段（2021~2030年）：大数据的研究和实践将反向推动智能电网互操作性的全面实现，使智能电网内部数据可全量获取，在完善的监管机制下可获得更多的外部数据，实现内外部数据全面融合，数据的完整性、准确性得到大幅提升。智能电网大数据的理论和技术体系基本形成，形成智能电网大数据全景全域全过程的解决方案，数据作为战略资源的价值全面体现。

7.3 推进建议

目前我们正处于智能电网大数据研究与应用的第二个发展阶段，也是整个发展过程中最为重要的一个阶段。正如本书2.4节所述，智能电网大数据发展面临诸多挑战，为了推动智能电网大数据研究逐步走向深入和广泛，需推进以下几方面的工作。

（1）围绕大数据立法，加快法律法规建设。建立开放标准，推动公共数据开放共享；构建数据资源交易机制和定价机制，促进行业数据规范交易；制定专门条款，保护涉及国家机密、个人隐私和企业秘密的数据资源。

（2）基于信息物理系统理论，重新审视智能电网的发展目标及其对系统互操作的要求，升级优化当前电网的信息通信系统，为智能电网全量数据的获取创造条件。

（3）提高数据准确性和完整性，建立数据可信性评价体系。

（4）推进智能电网大数据的理论研究，探索新理论和新方法，建立包含认识论、方法论和数学物理基础的智能电网理论体系，形成可指导智能电网大数据应用开发的系统方法。

（5）建立智能电网大数据标准体系，进一步完善智能电网大数据统一模型的理论设计与物理实现方法，为智能电网全业务数据融合奠定基础。

（6）建立智能电网大数据应用效果检测和价值评价体系。

（7）培养智能电网大数据的研究队伍，设置专岗负责数据管理和专题分析工作，注重大数据团队人才培养。

（8）在系统方法论指导下，有计划地开发大数据应用，逐步形成系统的大数据解决方案。

7.4　展望

可以看到，大数据给人们带来了新的认知和能力，而智能电网大数据的发展必将对智能电网的完善化发展产生更为深远的影响。

（1）数据将呈现爆发式增长。随着电力信息物理系统的深度融合，遍布电网的智能终端、传感、用能终端及无处不在的物联网络、多点高频次的信息采集，构建起全过程多维数据，将展现全新电网智能化架构。

（2）新技术将成为电网支撑主体。物联网、云计算、大数据、人工智能技术将分层次共享融合，作为成熟先进的数据处理加工与分析计算功能主体，全面支撑电网的管理和运行。

（3）天空地一体化的支撑网络。信息通信网络将成为多维、立体、融合的通信网络，并与电网系统融合运行。未来的电力信息通信网络面向端到端的链接和数据的承载传送，涵盖光纤、无线、卫星为主的一体化新一代通信体系将发挥基础性和引领性的保障作用。

（4）基于数据的智能化决策支撑。电网从规划投资到资产管理，从安全运行到经济运营，随着大数据工作在智能电网各个领域的深入开展，智能化的决策模式将逐步形成，智能化系统提供的决策依据不再是简单的数据和报表，而是根据需求和智能化的分析计算后给出定制化的决策建议，依靠强大的数据基础和智能引擎支撑电网发展与运营。

大数据的核心价值在于透视事物本质和新的方法论带来的创新思维。对于电网技术，大数据是解决复杂电网诸多问题的方法路径或支撑手段；对于电网运营，大数据将引领经营模式创新与变革，以应对市场变化。掌握和合理运用大数据的核心资源，建立可以解决关键问题的方案和实现方法是大数据发展之要。随着大数据与业务发展的融合促进，其应用将逐步显现，并不断触发人们对电网技术与商业运营的创新和对大数据应用与价值的再认识。

参考文献

[1] HAN J, PEI J, KAMBER M. Data mining: Concepts and techniques [M]. Elsevier, 2011.

[2] WITTEN I H, FRANK E. Data mining: Practical machine learning tools and techniques [M]. Morgan Kaufmann, 2005.

[3] WU X, KUMAR V, ROSS QUINLAN J, et al. Top 10 algorithms in data mining [J]. Knowledge and Information Systems, 2008, 14 (1): 1-37.

[4] WU X, ZHU X, WU G-Q, et al. Data mining with big data [J]. IEEE transactions on knowledge and data engineering, 2014, 26 (1): 97-107.

[5] JORDAN M, MITCHELL T. Machine learning: Trends, perspectives, and prospects [J]. Science, 2015, 349 (6245): 255-260.

[6] 周志华. 机器学习 [M]. 北京: 清华大学出版社, 2016.

[7] ZHENG Y, WENCHAO W, CHEN Y, et al. Visual analytics in urban computing: An overview [J]. IEEE Transactions on Big Data, 2016, 2 (3): 276-296.

[8] LECUN Y, BENGIO Y, HINTON G. Deep learning [J]. Nature, 2015, 521 (7553): 436-444.

[9] XU X, HE X, AI Q, et al. A correlation analysis method for power systems based on random matrix theory [J]. IEEE Transactions on Smart Grid, 2016, P99: 1-10.

[10] HIRSCHBERG J, MANNING C D. Advances in natural language processing [J]. Science, 2015, 349 (6245): 261-266.

[11] DORIGO M, BIRATTARI M. Swarm intelligence [J]. Scholarpedia, 2007, 2 (9): 1462.

[12] ZHAI Y, ONG Y-S, TSANG I W. The emerging" big dimensionality" [J]. IEEE Computational Intelligence Magazine, 2014, 9 (3): 14-26.

[13] YU X, XUE Y. Smart grids: A cyber-physical systems perspective [J]. Proceedings of the IEEE, 2016, 104 (5): 1058-1070.

[14] HU J, VASILAKOS A V. Energy big data analytics and security: Challenges and opportunities [J]. IEEE Transactions on Smart Grid, 2016, 7 (5): 2423-2436.

[15] 任磊，杜一，马帅，等. 大数据可视分析综述 [J]. 软件学报，2014，25 (9)：1909-1936.

[16] ROBERT C. QIU，PAUL ANTONIK. Smart Grid and Big Data [M]. Hoboken：John Wiley and Sons，2015.